普通高等教育"十二五"规划教材

U0668014

计算机组装与维护教程

杨　姝　　蒋　宁　　王剑辉　主　编

杨雪华　　蔡云鹏　副主编

科学出版社

北京

内 容 简 介

本书经由多位一线教师5年来的课堂检验，结合最新的教学和工作经验，为打造"工程师"应用型人才倾力编写而成。

全书共分12章，其中第1章为计算机基础知识，第2～6章主要介绍计算机的主机系统、外部存储设备、输入设备、输出设备和网络设备等内容，第7章重点讲解计算机的组装，第8章主要介绍BIOS参数设置，第9章介绍笔记本计算机，第10～12章主要讲解操作系统的安装、操作系统的维护与优化以及计算机的维护与常见故障的排除。每章最后都安排有练习与应用题，帮助读者检验学习效果，巩固知识。

本书图文并茂，通俗易懂，特别注重理论与实践的有机结合。为方便教学，特为用书教师准备了教学资源包（包括电子课件、BIOS模拟教学软件、操作系统安装等多种教学辅助软件、教学大纲等）。用书教师请打开网址：www.ecsponline.com，找到本书，在"资源栏"处下载

本书适合高等院校计算机专业和其他相关专业的学生或计算机爱好者使用。

图书在版编目（CIP）数据

计算机组装与维护教程／杨姝，蒋宁，王剑辉主编.
—北京：科学出版社，2013.1
ISBN 978-7-03-035965-0

Ⅰ．①计… Ⅱ．①杨… ②蒋… ③王… Ⅲ．①电子计算机—组装—高等学校—教材 ②计算机维护—高等学校—教材 Ⅳ．①TP30

中国版本图书馆 CIP 数据核字（2012）第 261728 号

责任编辑：周晓娟 桂君莉 吴俊华 / 责任校对：杨慧芳
责任印刷：张欣秀 / 封面设计：林 陶

科 学 出 版 社 出版
北京东黄城根北街 16 号
邮政编码：100717
http://www.sciencep.com

北京虎彩文化传播有限公司 印刷
中国科技出版传媒股份有限公司新世纪书局发行 各地新华书店经销
*

2013年1月第 一 版 开本：787×1092 1/16
2019年6月第三次印刷 印张：13 1/4
字数：322 000

定价：29.80 元
（如有印装质量问题，我社负责调换）

前　言

　　计算机技术的迅速发展与普及，使得计算机广泛应用于社会的各行各业，成为人们日常工作、学习和生活中不可缺少的现代化工具。每一位计算机用户在使用计算机的过程中难免会遇到计算机故障和维修的问题；而作为初步接触计算机的读者，从原理上理解并掌握计算机组装与维护知识和应用技术是必要的；基于此，拥有一本由浅入深、由易到难、注重理论与实践有机结合的计算机组装与维护教程是很有必要的。

　　本书经由多位一线教师 5 年来的课堂检验，结合最新的教学和工作经验，为打造"工程师"应用型人才倾力编写而成；在内容上，做到用尽量简洁的语言阐述原理；在应用上，做到与实际工程应用衔接；在教学实施上，与用书教师分享蕴含着丰富教学经验的教学资源包。

　　全书共 12 章，具体内容如下：

- 第 1 章为计算机基础知识，帮助读者快速了解计算机的发展、计算机软/硬件系统、计算机专业术语与常用单位等内容。
- 第 2 章主要介绍计算机主机的五大重要部件，如 CPU、主板、内存、机箱和电源的相关内容。
- 第 3 章主要介绍计算机外部存储设备，如硬盘、光盘驱动器、移动存储器、移动硬盘和 U 盘。
- 第 4 章主要介绍计算机输入设备，帮助读者熟悉键盘、鼠标、扫描仪、麦克风、手写板等输入设备的常用参数和应用。
- 第 5 章主要介绍计算机输出设备，帮助读者熟悉各种计算机输出设备，如显卡、显示器、声卡、音箱、打印机。
- 第 6 章主要介绍计算机网络设备，帮助读者熟悉常见的几种计算机网络设备，如传输介质、网卡、交换机、路由器。
- 第 7 章重点讲解计算机的组装，根据组装的基本流程，依次讲解组装计算机的准备工作、组装计算机的流程、安装各硬件的方法、其他设备的连接方法。
- 第 8 章着重介绍 BIOS 参数设置，主要包括 BIOS 的概述、常用 BIOS 的设置方法。
- 第 9 章主要介绍笔记本计算机，包括笔记本计算机的分类、笔记本计算机的结构、笔记本计算机的性能指标与选购技巧等内容。
- 第 10 章重点讲解操作系统的安装，主要包括安装 Windows XP 和 Windows 7 操作系统、Linux 操作系统以及如何安装 Windows 和 Linux 双操作系统。
- 第 11 章主要讲解 Windows XP 操作系统的维护与优化，帮助读者掌握注册表的维护、系统的备份与还原、数据的备份与还原、系统优化的方法与技巧。

- 第 12 章主要介绍计算机常见故障的排除方法，包括计算机故障的判断和计算机常见故障的排除。

附录 A 和附录 B 分别介绍 DVD 区域代码和按键的功能。

本书结构安排合理，注重各章内容之间的衔接，整体写作风格一致，语言描述通俗易懂，每章最后都安排有练习与应用题，帮助读者检验学习效果，巩固知识。通过本书的学习，可以帮助读者从原理上快速入门，熟悉计算机硬件和软件的相关知识及应用技术，掌握计算机组装与维护的各种方法，为未来进一步的学习奠定基础。

为方便教学，特为用书教师准备了教学资源包，主要包括电子课件、BIOS 模拟教学软件、操作系统安装等多种教学辅助软件、教学大纲等内容。用书教师请打开网址：www.ecsponline.com，找到本书，在"资源栏"处下载。

本书图文并茂，通俗易懂，特别注重理论与实践的有机结合，适合高等院校计算机专业和其他相关专业的学生或计算机爱好者使用。

在本书由杨姝、蒋宁、王剑辉担任主编，杨雪华、蔡云鹏担任副主编，邓立国、于涧、逄华也参与了本书的编写工作。

由于笔者水平有限，书中难免存在不妥之处，恳求读者批评指正。若有对本书的意见或建议，请发送 E-mail 至 shuyang024@163.com，以便于我们日后为大家提供更优质的图书，在此提前表示感谢。

编　者
2013年1月

目　　录

第1章

计算机基础知识

计算机基础知识是学习计算机组装与维护之前需要了解和掌握的知识。本章介绍的知识主要包括计算机的发展历程、特点、应用领域以及组成计算机的软、硬件系统和计算机专业术语与常用单位等。

学习要点：

- 了解计算机发展的历程、趋势以及应用领域。
- 掌握计算机软件系统和硬件系统的构成。
- 理解计算机专业术语的含义。

1.1 计算机概述

1.1.1 计算机的发展历程

目前，人们所使用的计算机是电子数字计算机的简称。它是一台具有存储能力并能按照预先存储指令对各种数据和信息进行自动加工及处理的现代化智能电子设备，由软件和硬件两部分组成。计算机经历了由机械计算机、电动计算机到电子计算机的发展过程。随着科学与技术的进步，将会出现生物计算机、光子计算机和量子计算机等一些新型计算机。本节主要介绍电子数字计算机的4个发展历程。

1. 第一代电子管计算机（1939—1957）

世界上公认的第一代电子计算机是从1939年到1957年之间生产出来的一系列电子管计算机。这个时期计算机硬件普遍使用电子管作为逻辑元件；采用水银延迟线、磁鼓或磁芯作为主存储器；磁带被用做外部存储器。用机器语言或汇编语言来编写软件。此时的计算机具有体积大、耗电量高、可靠性差、价格昂贵、维修复杂等特点，且仅仅应用在军事和科研领域，进行科学计算。这个时期最具有代表性的计算机为ABC、ENIAC和EDVAC。

最早的电子数字计算机是美国爱荷华州立大学物理系副教授约翰·文森特·阿坦那索夫（John Vincent Atanasoff）和他的研究生克利夫·贝瑞（Clifford Berry）于1939年11月共同研制出的一台阿坦那索夫-贝瑞计算机（Atanasoff-Berry Computer，ABC）。ABC标志着"第一台电子数字计算机"的诞生。这台计算机将电子器件与电器器件有机地结合起来，在电路系统中装有300个电子真空管,执行数值计算与逻辑运算;数值由电量表示且存储在电容器中;数制采用二进制,数据由打孔读卡方式进行输入。虽然ABC的运算速度仅为每15s一次,但在它的设计中已经包含了现代计算机中4个最重要的基本概念,为以后数字计算机研发人员指明了发展方向。因此,ABC的诞生是电子数字计算机产生的重要标志。

之后,由美国政府和宾夕法尼亚大学合作开发的电子数值积分计算机(The Electronic Numerical Integrator and Computer,ENIAC)于1946年2月14日在费城公诸于世。ENIAC是第一台普通用途的计算机,使用了18 000个电子管、70 000个电阻器,有5百万个焊接点,耗电160千瓦,运算速度为每秒5000次加法运算或400次乘法运算。这相当于当时最快继电器计算机的1000多倍,是人们手工计算的20万倍。ENIAC体积庞大,占地面积170多平方米,重量约30吨;指挥近20 000个电子管"开关"工作的程序指令被存放在机器的外部电路中,需要计算某个题目时,事先由人手工把数百条线路进行连线编程。因此ENIAC尚未具备现代计算机程序自动控制的重要特征。

20世纪40年代中期,被誉为"计算机之父"的美籍匈牙利科学家约翰·冯·诺依曼(John Von Neumann),成为宾夕法尼亚大学研究小组的一名成员。他于1945年,以"关于电子离散变量自动计算机(Electronic Discrete Variable Automatic Computer,EDVAC)的报告草案"为题,起草了长达101页的总结报告,广泛而具体地介绍了制造电子计算机和程序设计的新思想。设计思想之一:在计算机内部采用二进制数表示指令和数据;设计思想之二:将编制好的程序和原始数据以相同的格式事先存入在存储器中。同时,EDVAC方案还明确指出电子计算机硬件主要由运算器、控制器、存储器、输入和输出设备等5个部分组成,并描述了这5部分的职能和相互关系。之后,把冯·诺依曼设计思想称为冯·诺依曼体系结构,按照冯·诺依曼体系结构设计出来的电子计算机统称为"冯·诺依曼型"计算机。

世界上,首台实现冯·诺依曼体系结构的计算机是电子延迟存储自动计算机(Electronic Delay Storage Automatic Calculator,EDSAC)。英国剑桥大学数学实验室的莫里斯·文森特·威尔克斯教授(Maurice Vincent Wilkes)和他的团队按照冯·诺依曼体系结构设计、制造了EDSAC,并于1949年5月6日投入运行。它用水银延迟线作存储器,用穿孔纸带和电传打字机分别进行输入与输出。虽然约翰·冯·诺依曼在1945年提出了EDVAC的设计思想,但EDVAC在1952年才被制造成功。因此,EDSAC才是世界上第一台实际运行的存储程序式电子计算机。此时,没有系统软件,只能用机器语言和汇编语言编程,科学计算用的高级语言FORTRAN初露头角。

2. 第二代晶体管计算机(1958—1963)

1947年12月16日,威廉·布拉德福德·肖克利(William Bradford Shockley)、约翰·巴顿(John Bardeen)和沃特·豪泽·布拉顿(Walter Houser Brattain)成功地在美国贝尔实验室制造出世界上第一个晶体管。1954年,催迪克(Transistorized Airborne Digital Computer,TRADIC)是第一台装有800个晶体管线路的计算机,也在美国贝尔实验室研制成功。1958年,美国IBM公司制造出第一台全部使用晶体管的RCA501型计算机。通常,从1958—1963年生产出的晶体管计算机被认为是第二代电子计算机。

第二代计算机使用晶体管作为逻辑元件,用磁芯作为主存储器,存储量为10万以上字节;外存储器已开始使用磁盘;计算速度高达每秒几十万次。与第一代计算机相比,它具有体积小、速度快、功耗低、性能稳定等特点。在软件方面,也有了很大发展,出现了COBOL、ALGOL等高级语言及其编译程序,还出现了以批处理为主的操作系统。主要应用领域为科学计算和各种事务处理,并开始用于工业控制。

3. 第三代集成电路计算机（1964—1971）

1958年9月,美国德州仪器公司的工程师杰克·基尔比（Jack Kilby）将5个电子元件安置在一块半导体锗片上,发明了世界上第一块锗集成电路,它被称为"相移振荡器"。1959年7月,美国仙童半导体公司的罗伯特·诺伊斯（Robert Noyce）基于硅平面工艺,发明了世界上第一块硅集成电路。集成电路是由美国物理学家基尔比和诺伊斯两人各自独立发明的,都拥有发明专利权,并且基尔比和诺伊斯两人都被认为是"集成电路之父"。

1962年1月,IBM公司开始采用双极型集成电路研制IBM 360系列计算机。1964年4月7日,IBM公司在14个国家同时宣告,世界上第一个采用集成电路的通用计算机IBM 360系列研制成功,该系列包括大、中和小型计算机,共6种型号,且兼顾科学计算和事务处理两方面的应用。IBM 360系列计算机是最早使用集成电路的通用计算机系列,它开创了民用计算机使用集成电路的先例,计算机从此进入了集成电路时代。与第二代计算机（晶体管计算机）相比,它体积更小、价格更低、可靠性更高和计算速度更快。

这一时期,一些小型计算机在程序设计技术方面形成3个独立的系统:操作系统、编译系统和应用程序,总称为"软件"。操作系统中出现"多道程序"和"分时系统"等概念,结合计算机终端设备的广泛使用,用户可以在自己的办公室或家中使用远程计算机。因此1964—1971年生产的计算机被称为集成电路计算机。

4. 第四代大规模和超大规模集成电路计算机（1972—现在）

由大规模和超大规模集成电路制造成的计算机,称为第四代电子计算机。1971年11月15日,美国Intel公司的工程师马西亚安·霍夫（Marcian Hoff）成功研制出集成2300个晶体管且只有4.2×3.2（mm^2）的第一块微处理器4004。这块微处理器字长4位,主频108kHz,每秒执行60 000条指令。它与1950年房子大小的电路板的功能相当。美国制造的ILLIAC-IV计算机,是第一台全面使用大规模集成电路作为逻辑元件和存储器的计算机,它标志着计算机已经进入到第四代。

从第一代电子管计算机到人们今天使用的计算机绝大多数是冯·诺依曼型计算机,但随着计算机技术的不断发展,也暴露出冯·诺依曼型计算机存在的主要弱点,即指令执行的串行性和存储器读取的串行性问题成为计算机发展的障碍。目前已出现了一些突破存储程序控制的计算机,统称为非冯计算机,如数据驱动的数据流计算机、需求驱动的归约计算机和模式匹配驱动的智能计算机等。

1.1.2　计算机的类型及特点

目前,按照使用的范围计算机可以分为通用计算机和专用计算机。通用计算机按照性能和规模又可分为超级（巨型）计算机、大型计算机、小型计算机、微型计算机和工作站计算机。它们之间的关系如图1-1所示。

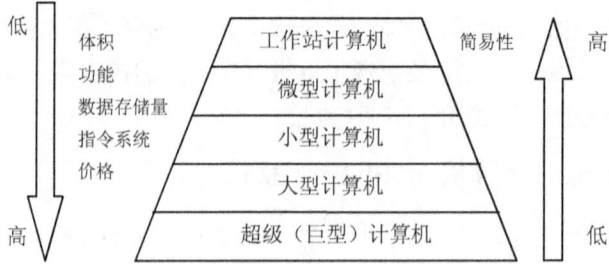

图1-1　通用计算机的分类

通用计算机是适应性较广的计算机，其具有功能多、配置全和用途广等特点，如人们日常在家和办公室使用的都是通用计算机。

专用计算机是为解决某个具体问题而专门设计、开发和制造的计算机。它具有针对性强、服务特定和更快更高效解决问题等特点，如超市内用于收款的POS机。

超级计算机通常是计算机中功能最强、运算速度最快和存储容量最大的一类计算机，多用于国家高科技和尖端技术研究领域，是国家科技发展水平和综合国力的重要标志。随着超级计算机运算速度的迅猛发展，它也被越来越多地应用于工业、科研和学术等领域。2010年10月，天津的"天河一号"（见图1-2）已经安装完毕，当时它的速度全球第一，比位居第二名的美国国家实验室的计算机快30%，运算速度达到每秒2500万亿次。

大型计算机是用来处理大容量数据的计算机，通常包括大型主机和中型计算机，如图1-3所示为联想万亿次大型计算机。虽然大型计算机的运算速度不如超级计算机快，但是它具有更高的可靠性、安全性、向后兼容性以及无与伦比的输入/输出（I/O）处理能力，因此大型计算机都会配备许多其他的外部设备和数量众多的终端，形成一个计算中心。只有大中企业、银行、政府部门和社会管理机构等单位才使用大型计算机。

图1-2　中国"天河一号"超级计算机

图1-3　联想万亿次大型计算机

小型计算机是规模介于大型机与微型机之间的一种高性能计算机，其具有价格低、高可靠性、高可用性、高服务性、便于维护和使用等特点，主要用于中小规模的企事业单位和大专院校，如图1-4所示为IBM Mainframe Z10小型计算机。

微型计算机简称"微型机"、"微机"或"微电脑"，它指由微处理器为基础，配以内部存储器及输入/输出接口电路和相应的辅助电路而构成的裸机，具

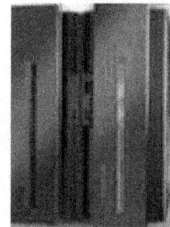

图1-4　IBM Mainframe Z10小型计算机

有体积小、灵活性大、价格便宜和使用方便等特点。由微型计算机配以鼠标、键盘和显示器等外部设备以及控制计算机的软件后构成的系统，称为微型计算机系统，即个人计算机（PC）或电脑。若把组成微型计算机的部件集成在一个芯片上则构成单片微型计算机，简称单片机。

个人计算机最早出现的形式是台式计算机，之后随着移动办公的需要，出现了笔记本计算机。目前，台式计算机和笔记本计算机又派生出一体台式计算机和平板电脑两种新式的计算机。

一体台式计算机又称"一体机"，指将传统分体台式计算机的主机集成到显示器中的台式计算机，如图1-5所示。它与传统的台式计算机相比具有3个方面的优势：第一，外观设计简约、时尚和纤细，符合现代人们的审美观和节约空间的观点；第二，性价比高，同样的价位可以买到包含摄像头、音箱、蓝牙和耳麦等的一体机；第三，节能环保，一体台式计算机的耗电量仅为传统分体台式计算机的1/3，带来更小电磁辐射。一体机是由台式计算机演化来的一种新产品。

平板电脑是介于智能手机和笔记本计算机之间的一款新型计算机，如图1-6所示。它主要向用户提供浏览互联网、收/发电子邮件、观看电子书、播放音频或视频等功能，具有3G版本的平板电脑，可以随时为用户提供网络服务。目前，上市的平板电脑为苹果公司的iPad系列、联想公司的乐Pad系列以及惠普公司的TouchPad。

图1-5　一体台式计算机　　　　　　　　　图1-6　平板电脑

1.1.3　计算机的应用

到目前为止，计算机主要在科学计算（数值计算）、数据处理（信息处理）、辅助工程（计算机辅助设计、制造和教学）、过程控制（实时控制）、人工智能（智能模拟）和网络应用等6个领域得到广泛应用。

1. 科学计算

科学计算是计算机应用的一个重要领域。它主要利用计算机的运算速度快、求解精度高以及具有的逻辑判断能力，解决科学研究和工程技术中人工无法解决的各种复杂的计算问题，如在高能物理、工程设计、地震预测、气象预报、航天技术等方面的计算。

2. 数据处理

数据处理是计算机应用最广泛的一个领域，主要指对各种数据进行收集、存储、整理、分类、统计、加工、利用和传播等一系列活动。数据处理经历了从简单到复杂的3个发展阶段：第一，电子数据处理（Electronic Data Processing，EDP），它以文件系统为手段，实现一个部门内的单项管理；第二，管理信息系统（Management Information System，MIS），它以数据库技术为工具，实现一个部门的全面管理，提高工作效率；　第三，决策支持系统（Decision Support System，DSS），它以数据库、模型库和方法库为基础，帮助管理决策者提高决策水平，以保证经营策略的正确性与有效性。目前，数据处理已广泛应用于办公自动化、企事业计算机辅助管理与决策、情报检索、图书管理、电影电视动画设计和会计电算化等各行各业。数据处理再也不是单纯的数字和文字，而是数字、文字、声情并茂的声音和图像的综合信息。

3. 辅助工程

计算机辅助工程包括计算机辅助设计、辅助制造和辅助教学。计算机辅助设计（Computer Aided Design，CAD）是设计人员利用计算机系统辅助进行工程或产品设计，以实现最佳设计效果的一种技术，已广泛应用于飞机、汽车、机械、电子、建筑和轻工等领域。计算机辅助制造（Computer Aided Manufacturing，CAM）是利用计算机系统进行生产设备的管理、控制和操作的过程。使用CAM技术可以提高产品质量、降低成本、缩短生产周期、提高生产率和改善劳动条件。计算机辅助教学（Computer Aided Instruction，CAI）是在计算机辅助下进行的各种教学活动，指以交互方式与学生讨论教学内容、安排教学进程和进行教学训练的方法与技术。CAI为学生提供良好的个人化学习环境，综合应用多媒体、超文本、人工智能、网络通信和知识库等计算机技术，克服传统教学情景方式上单一、片面等缺点。使用CAI能有效地缩短学习时间、提高教学质量和教学效率，实现最优化的教学目标。

4. 过程控制

过程控制指利用计算机及时采集检测数据，按最优值迅速对控制对象进行自动调节或自动控制。采用计算机进行过程控制，不仅可以大大提高控制的自动化水平，而且可以提高控制的及时性和准确性，从而改善劳动条件、提高产品质量及合格率。目前，计算机过程控制已在机械、冶金、石油、化工、纺织、水电和航天等领域得到广泛的应用。

5. 人工智能

人工智能（Artificial Intelligence，AI）指研究和开发用于模拟、延伸和扩展人类智能的理论、方法、技术及应用系统的一门新技术科学。所谓人工智能是指通过研究智能的实质，并生产出一种新的能与人类智能相似的方式做出反应的智能机器。目前能够用来研究人工智能的主要物质手段以及能够实现人工智能技术的机器就是计算机。人工智能的发展始终与计算机科学技术的发展紧密地联系在一起。

6. 网络应用

将计算机技术与现代通信技术有机地结合起来，构建了计算机网络系统。计算机网络的建立，实现了世界范围内的资源共享和信息传递。

1.1.4 计算机的发展方向

随着计算机应用的不断深入，未来的计算机将朝着高性能、多用途和智能化的方向发展。

1. 计算机向高性能方向发展

高性能指计算机整体具有较高的性能，这主要体现在计算机速度越来越快、运算能力也越来越强。目前，实现这种高性能的途径有两个：第一，通过发明新器件（如量子器件、光子器件等），采用纳米工艺、片上系统等技术来提高各种器件速度；第二，大规模并行体系结构（即并行技术）的创新与进步是提高计算机系统性能的另一重要途径。目前世界上性能最高的通用计算机已采用上万台计算机并行处理，达到每秒数千万亿次的运算速度。

2. 计算机向多用途方向发展

计算机向多用途方向发展指计算机在人类社会中无处不在，无处不用。计算机已经在国防、工业控制、计算机网络、仪器仪表和家用电器等方面得到广泛应用，未来计算机将会深入到社会各个领域，甚至走进人们日常生活。例如，将来的笔记本、书籍、包括中小学教材都可能实现电子化。学生们上课使用的不再是教科书，而是一个笔记本大小的计算机。它包含所有中小学教材内容、辅导材料以及相应的练习题。学生们可以根据需要，很方便地查找想要的资料，并能随时随地上网，进行信息交流。有人预言未来计算机可能像纸张一样便宜，可以一次性使用，计算机将成为不被人们注意的最常用的日用品。

3. 计算机向智能化方向发展

自从电子计算机诞生之日起，人们就致力于模拟人类思维的研究，希望计算机拥有人类的智慧，如具有推理、学习和联想等能力。目前，虽然计算机向智能化方向迈进的步伐还不尽如人意，但人们仍然在该领域里不断追求与探索，包括新材料计算机的研究，如生物芯片等。一旦这项技术成熟，将会实现真正含义的计算机智能。未来人类可以用自然语言与计算机打交道，也可以用表情、手势与计算机沟通，在计算机具有智能的条件下，人类能更方便，也能更快捷地使用计算机。

1.2 计算机系统

计算机系统包含硬件系统和软件系统两大部分。硬件系统由各种物理设备组成，是计算机的物质基础，其性能决定计算机运行速度、显示效果等；软件系统指计算机程序集合，其功能决定计算机可完成的工作。只有将硬件系统和软件系统有机结合起来，才能发挥出计算机功能。

1.2.1　计算机硬件系统

本小节主要介绍计算机硬件系统设计思想、计算机硬件名称及基本功能。

1. 硬件系统设计思想

目前，计算机硬件系统绝大多数采用冯·诺依曼设计思想，即硬件系统由运算器、控制器、存储器、输入设备和输出设备五大功能部件组成。而运算器和控制器包含在中央处理器中，存储器、输入/输出设备都有相应的多个设备与之对应，它们之间的功能关系如图1-7所示。

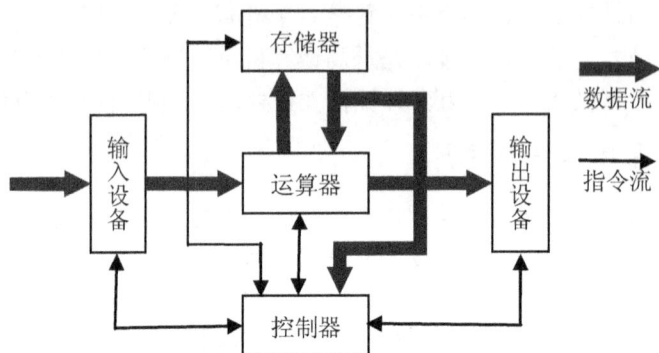

图1-7　计算机硬件设备功能关系图

2. 组成计算机的各种硬件

计算机硬件指计算机系统中所有电子的和机械的装置。在微型计算机系统中，从外部可以看到的硬件有机箱、键盘、鼠标和显示器等设备。其中，键盘和鼠标是输入设备，完成数据输入任务；显示器是输出设备，完成数据输出任务；机箱是各种硬件的载体，如图1-8所示。而机箱内部则包含主板、CPU、内存、硬盘、显卡、声卡、网卡、光驱和电源等硬件设备。

图1-8　机箱、键盘、鼠标及显示器

主板是具有各种设备接口和插槽的一块印制电路板，能为与之相连的各种硬件提供电力供应和数据传输等服务，是计算机不可缺少的一个部件，如图1-9所示。

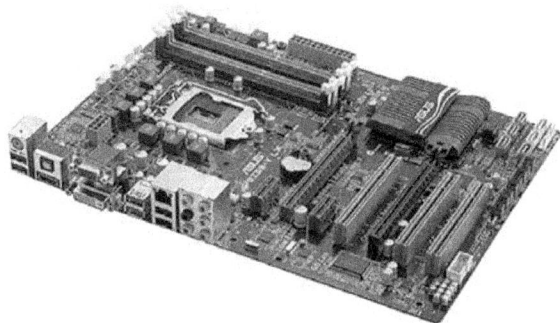

图1-9 主板

CPU（Central Processing Unit，中央处理器）主要包含控制器和运算器，完成对整个计算机硬件进行控制和数据处理等任务。在微型计算机内，CPU是一块被称为微处理器的芯片，是计算机系统不可缺少的核心部件。CPU的内外结构如图1-10所示。

图1-10 CPU的内外结构

内存（Memory）即内部存储器，是临时存储程序和数据的设备，现在以内存条的形式存在。内存具有存取速度快、断电后数据消失和存储容量相对较小等特点，是计算机硬件系统的必要组成部分，内存的两个面如图1-11所示。

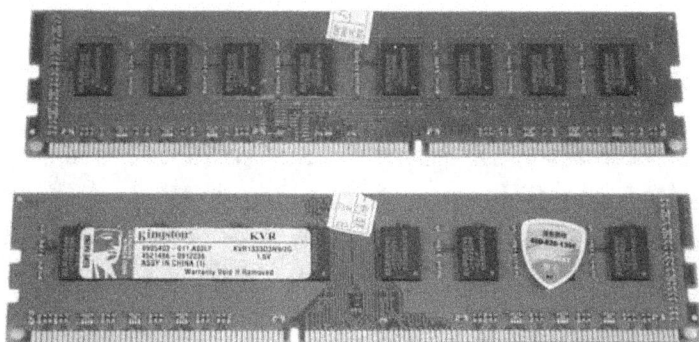

图1-11 内存条

硬盘（Hard Disk，HD）即外部存储器，是长期保存数据不可缺少的设备，具有容量大、存取速度慢等特点，如图1-12所示。

图1-12　硬盘

显卡（Graphics Card）即显示适配器，是计算机处理和传输字符及图像信号的重要设备，将显卡处理后的数据传送给显示器，则会显示出各种字符和图形。图1-13所示为显卡的正反两个面。

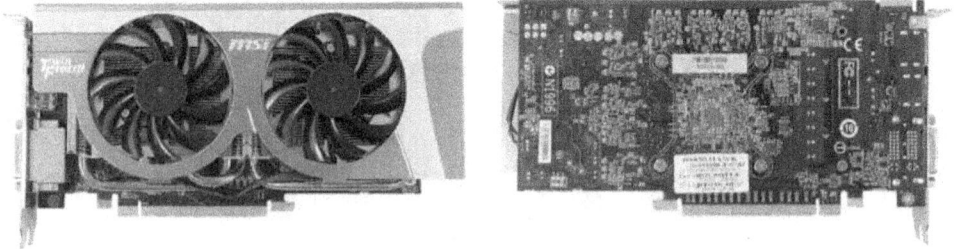

图1-13　显卡

声卡（Sound Card）即音频卡，是计算机处理声音的设备。它把来自话筒、光盘的原始声音信号加以转换，输出到耳机、音箱等设备中，实现声音播放。图1-14所示为声卡的正反两个面。

图1-14　声卡

　　网卡（Network Card）即网络适配器，是计算机接入网络必须配置的重要设备，实现计算机与网络之间的数据通信。图1-15所示为网卡的正面和侧面。

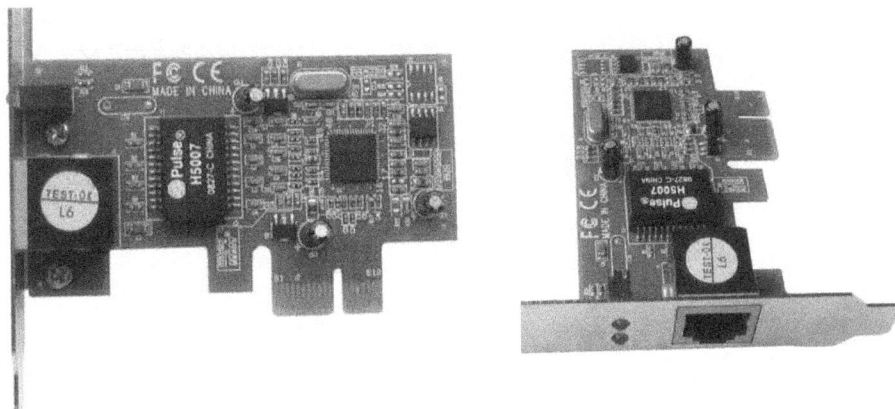

图1-15　网卡

　　光驱（Optical Driver）即光盘驱动器，是向光盘读取或写入数据的设备，如图1-16所示。

图1-16　光驱

　　机箱是放置和固定主机硬件的箱体，起着承托、保护及屏蔽电磁波辐射的作用，如图1-17所示。

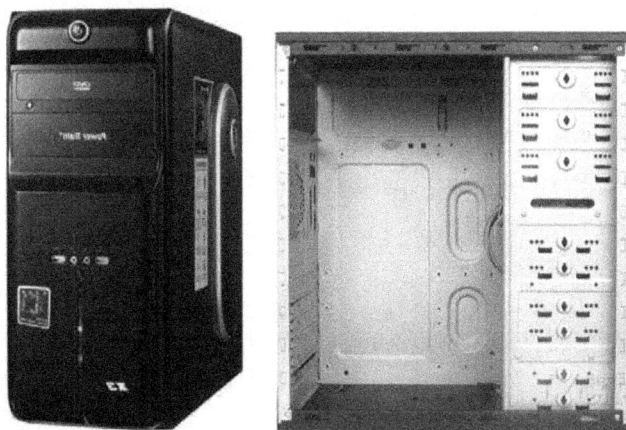

图1-17　机箱

电源是安装在主机箱内封闭式的独立部件，它将交流电通过开关电源变压器转换为直流电源，供主机箱内的主板、硬盘及各种适配器等部件使用，如图1-18所示。

图1-18　电源

1.2.2　计算机软件系统

计算机软件系统指计算机运行各类程序及其相关文档的集合。程序是人们为完成某一特定功能，事先编写的一组有序指令集合。文档是描述程序设计过程及程序使用方法的有关资料。程序是可执行部分，文档是不能执行部分，它们在软件中缺一不可。从计算机系统角度考虑，软件可分为系统软件、应用软件和支持软件。

1. 系统软件

系统软件通常指管理、监控和维护计算机软、硬件资源的一种程序，它主要包括操作系统、语言处理程序、数据库管理系统以及服务程序等软件。

操作系统是最基本的系统软件，是用户与计算机硬件之间的接口。它控制和管理计算机系统内部各种软、硬件资源；合理组织计算机系统有效地工作；为用户提供一个使用方便的工作环境。目前，个人计算机上最常见的操作系统有微软公司开发的Windows视窗操作系统、Linux操作系统和应用于苹果机上的Mac OS操作系统等。

语言处理程序实际是语言翻译程序，包含编译程序和解释程序。计算机只执行由机器语言编写的程序，用其他语言编写的程序都必须转换为机器语言才能执行，完成这个转换任务的程序称为语言处理程序。编译程序和解释程序是完成这个转换任务的两种不同方式。

数据库管理系统是一种对数据库进行统一管理和控制的大型系统软件，用于建立、使用和维护数据库，且保证数据库的安全性和完整性。它通过提供数据定义语言和数据操作语言实现对数据库的各种操作。

服务程序指能够为用户使用计算机和开发程序提供方便服务的程序，如计算机经常使用的诊断程序、调试程序和编辑程序均属服务程序。

2. 应用软件

应用软件指利用计算机及系统软件为解决各种实际问题而编制的、具有专门用途的计算机程序。目前，根据软件用途不同，可将应用软件分为字处理软件、电子表格软件、图形图像处理软件、计算机辅助制造软件、三维动画软件、计算机安全类软件和各种用于科学计算的软件包等几种类型。

字处理软件是对文字进行录入、编辑和排版的软件，比较复杂一点也可以进行表格制作和简单的图像处理，如微软公司的Word和金山公司的WPS文字处理软件。

电子表格软件主要进行简单的数据表格处理、绘制各种数据图表等，如微软公司开发的Office软件中的Excel组件等就是电子表格处理软件。

图形图像处理软件指对各种形式的图形、图像进行图像修补、色彩调整及变形等操作的软件，如Photoshop、Firework、Illustrator等。

计算机辅助制造通过直接的或间接的计算机与企业的物质资源或人力资源的联接界面，把计算机技术有效地应用于企业的管理、控制和加工操作。计算机辅助制造软件在工业生产中得到广泛的应用，如AutoCAD和天正CAD等。

三维动画，又称3D动画，是计算机领域内的一项新技术。它借助计算机技术建立一个虚拟的世界，设计师在这个虚拟的三维世界中按照要表现的对象的形状、尺寸建立模型以及场景，再根据要求设定模型的运动轨迹、虚拟摄影机的运动和其他动画参数，最后按要求生成最终的画面。三维动画软件完成动画的制作任务，如3ds Max和Maya等。

计算机安全类软件指用来检测和监控计算机状态，以防范、消除病毒或恶意程序攻击的一类软件，如诺顿杀毒和瑞星杀毒等软件。

各种科学计算软件包主要应用在各个科学计算领域，如MATLAB等。

3. 支持软件

支持软件指在计算机硬件与系统软件的基础上，用于支援其他软件研制和开发的软件，例如Turbo C、Visual C++等软件。

1.3 计算机专业术语与常用单位

在计算机科学与技术领域里，有一些具有特定含义的词汇，这些词汇被称为专业术语。为使读者能理解和掌握本书内容，在此介绍计算机常用专业术语与计量基本单位。

1.3.1 常用术语

1. 芯片

芯片指在硅片上集合多种电子元器件以实现某种特定功能的集成电路。它是电子设备中最重要的部分，具有运算和存储功能。

2. 指令集

指令指设计CPU时规定的一种操作；指令集是所有指令的集合，指令集的强弱直接影响CPU的性能。指令集分为复杂指令集（Complex Instruction Set Computing，CISC）和精简指令集（Reduced Instruction Set Computing，RISC）。现在计算机使用的指令集都为精简指令集。

3. 缓存

缓存（Cache Memory）即高速缓冲存储器或缓冲存储器，是一块内存芯片。用在数据交换频繁的地方，缓解两个硬件在进行数据交换时速度差异的问题。

4. 带宽

带宽（bandwidth）在数字设备中，指在单位时间内传输数据的能力，单位为bps（bit per second，位/秒）。在模拟设备中，指信号具有的频带宽度，单位为每秒传送周期数或Hz（赫兹）。

5. 总线

总线指用导线将计算机各个部件连接在一起的传输线束，实现各部件之间的数据传输。总线传输数据的能力称为总线频率，单位为MHz（兆赫）。

6. 热插拔

热插拔（Hot-Plugging或Hot Swap）指计算机开机时某硬件进行的插入或拔出，能够进行热插拔的硬件称为支持热插拔，如USB接口支持U盘热插拔。

7. CPU主频

CPU的主频指CPU时钟频率，是CPU内核数字脉冲信号振荡的速度。主频越高，CPU在一个时钟周期内处理的指令数就越多，CPU的运算速度也就越快。

8. 封装

封装指用绝缘塑料或陶瓷材料做芯片外壳，并将芯片上的接触点与封装外壳上的引脚用导线相连的包装过程。封装不仅实现了内部芯片与外部电路的连接，而且起到安装、固定、密封、保护芯片及增强电热性能等方面的作用。

1.3.2 常用单位

1. 数据长度单位

计算机中的数据使用二进制数来表示，其长度单位有位（bit）、字节（Byte）和字长。位指二进制数中一个数据位即0或1，是数据最小单位，简写为b。

字节指8位二进制数，是表示存储空间容量大小的单位，简写为B，即1B=8bit。此外，字节的单位还有千字节（KB）、兆字节（MB）、吉字节（GB）和太字节（TB），它们之间的换算关系为：

$1KB=1024B=2^{10}B$，$1MB=1024KB=2^{10}KB$，$1GB=1024MB=2^{10}MB$，$1TB=1024GB=2^{10}GB$。

字长指计算机在同一时间内能够处理的二进制数的位数，而这个二进制数称为计算机的字。

2. 赫兹

赫兹简称赫，是描述频率的基本单位，记为Hz。此外，也用千赫（kHz）、兆赫（MHz）、吉赫（GHz）来描述，且它们之间的换算关系为：1GHz=1000MHz，1MHz=1000kHz，1kHz=1000Hz。计算脉冲信号周期的时间单位及相应的换算关系是：s（秒）、ms（毫秒）、μs（微秒）、ns（纳秒），其中1s=1000ms，1ms=1000μs，1μs=1000ns。

1.4 练习与应用

一、填空题

1. 电子计算机从诞生至今经历了_____、_____、_____、_____4个发展阶段。

2. 计算机系统由_____和软件系统组成。

3. 软件系统可以分为_____和应用软件两大类。

4. 中央处理器主要由_____和_____两部分组成。

5. _____是具有各种设备接口和插槽的一块印制电路板,能为与之相连的各种硬件提供电力供应和数据传输等服务。

6. _____是长期保存数据不可缺少的设备,具有容量大、存取速度慢等特点。

7. 在计算机中,8个二进制数称为一个_____。

8. 计算机中使用的最小数据单位是_____。

二、简答题

1. 通用计算机按照性能和规模进行分类,可以分成几个类别?

2. 计算机的发展方向有哪些?

3. 计算机硬件系统由哪些功能部件组成?画出功能关系图。

4. 某硬盘标示的容量为120GB,从理论上讲,该硬盘的容量为多少字节?

三、应用题

1. 查看自己使用的微型计算机,指出组成计算机的各种硬件的名称。

2. 指出自己常用的应用软件的名称。

第2章

计算机主机

计算机主机指自身已经能够独立运行的计算机系统，由位于机箱内的CPU、内存、主板及电源组成，是整个计算机的核心部分。本章主要介绍CPU、内存、主板、机箱及电源等相关内容。

学习要点：

- 了解CPU发展的历程、机箱和电源的作用。
- 掌握CPU/主板/内存的结构、作用、特点、性能指标和选购技巧。
- 理解CPU的工作原理。

2.1 CPU

CPU即中央处理器，是计算机内部对数据进行处理并对处理过程进行控制的部件，主要完成对各种指令和数据进行分析与运算的任务。随着大规模集成电路的发展，CPU已经被集成在一个很小的芯片上，并称它为微处理器。本节主要介绍微处理器的发展过程、结构特点、工作原理等内容。

2.1.1 CPU的发展历程

CPU从20世纪70年代产生发展至今经历了40年的发展历程，按其处理信息的字长分为4位、8位、16位、32位和64位微处理器。下面将从各代处理器的特点来了解CPU的发展过程。

1. 4位微处理器

1971年，Intel公司推出世界首款4位微处理器4004。它集成2250个晶体管，主频为108kHz，制造工艺为10μm，每秒运算6万次，共有46条指令，采用陶瓷DIP（Dual In-Line Package，双列直插式封装）技术进行封装，引出16个针脚（见图2-1），但4004处理器的功能十分有限。

2. 8位微处理器

1972年，Intel公司推出第一款8位微处理器8008。它集成3500个晶体管，主频为200kHz，制造工艺为10μm，共有48条基

图 2-1　4004 微处理器

本指令，可访问16KB内存空间，采用陶瓷DIP技术，引出18个针脚。

1974年，Intel公司推出8080微处理器。它集成6000个晶体管，主频为2MHz，制造工艺为6μm，每秒运算64万次，共有78条基本指令，可以访问64KB内存空间，采用陶瓷DIP技术，引出40个针脚，使用金属氧化物半导体（Metal Oxide Semiconductor，MOS）电路。

8位处理器集成度约为9000个晶体管，平均指令执行时间为1～2μs，均采用NMOS（Negative MOS）工艺，使用汇编、BASIC、FORTRAN语言编程和单用户操作系统。

3. 16位微处理器

1978年，Intel公司生产的8086是第一款16位微处理器。它集成2.9万个晶体管，主频为4.77MHz，制造工艺为3μm，采用H-MOS（硅栅MOS）技术，内存寻址能力为1MB，共有92条基本指令，并把这些指令称为x86指令集，芯片内外均以16位进行数据传输，采用陶瓷DIP技术，引出针脚40个。由于当时大部分设备和芯片都是8位，所以8086兼容性不好。

1979年，英特尔公司又开发出8088微处理器。它除将主频提高到10MHz以外，与8086不同之处是芯片外部采用8位进行数据传输外，这使得8088具有更好的兼容性。

1982年，英特尔公司研制出第一款具有完全兼容性的80286微处理器。80286采用塑料PGA（Pin Grid Array，插针网格阵列）封装技术，有68条引脚，如图2-2（a）所示；它内部集成13.4万个晶体管，如图2-2（b）所示；具有主频为6MHz、8MHz、10MHz和12.5 MHz这4种产品，制造工艺为1.5μm，内外部均采用16位进行数据传输，内存寻址能力为16MB。80286可以分别以真实模式和保护模式进行工作。真实模式为DOS系统的常用模式，内存寻址能力为1MB；保护模式的内存寻址能力为16MB，具有异常处理机制，即保护操作系统在遇到异常应用时不会使系统停机。80286具有支持更大内存、模拟内存空间、运行多个任务和提高处理速度的特点。

（a）外观图

（b）内部结构图

图2-2　80286处理器

4. 32位微处理器

英特尔公司生产的80386、80486和奔腾系列的CPU都属于32位处理器，都是遵循兼容性思想而设计的。

1985年10月，Intel公司生产出与8086/8088/80286相兼容的高性能32位微处理器80386。它集成27.5万个晶体管，主频分别为12.5MHz、20MHz、25MHz、33MHz以及40MHz，制造工艺为1.5μm，支持x86指令系统，内外部均采用32位进行数据传输，内存寻址能力为4GB，可以管理64TB虚拟存储空间，采用塑料PGA封装引出132个针脚。它具有实模式、保护模式和虚拟8086的3种工作方式。虚拟8086的工作方式为通过同时模拟多个8086微处理器来提供多任务处理能力。80386改进的技术还有：设计外置缓存解决内存速度瓶颈问题；在配上80387协处理器后，可以进行大量的浮点运算；支持大量外部设备。

1989年，英特尔公司首次推出80486微处理器。它集成度高达120万，突破百万界限。主频分别为25MHz、33MHz、40MHz和50MHz，制造工艺为1μm，首次采用在一个时钟周期内执行一条指令的RISC。80486改进的技术还有将80386和80387协处理器以及一个8KB的缓存集成在芯片内来提高运算速度；总线设计上采用突发总线方式提高与内存的数据交换速度。这些改进使得80486的性能比带有80387协处理器的80386 DX性能高出4倍。之后，英特尔公司为了满足不同的需求，生产出了不同型号的80486的CPU。

1993年，英特尔公司生产出性能全面超越486的新一代586微处理器，并把这一代产品更名为Pentium（奔腾）。早期奔腾主频为75～120MHz，制造工艺为0.5μm；后期主频达到120MHz以上，制造工艺为0.35μm，支持RISC。奔腾的性能相当平均，整数运算和浮点运算都不错。

1996年底，支持RISC和MMX指令集的多能奔腾（Pentium MMX）问世。这款CPU在芯片内将缓存增加到32KB，分为16KB数据缓存和16KB指令缓存。

1997年，英特尔公司生产的Pentium II（奔腾二代）产品问世。此时，微处理器在芯片外增加了以CPU主频一半速度运行的容量为512KB的二级缓存（L2 Cache）。采用具有专利权保护的卡式1（Slot 1）接口标准和SECC（Single Edge Contact Cartridge，单边接触盒）封装技术。核心工作电压也由2.8V降至2.0V。

1999年，英特尔公司发布Pentium III微处理器。该处理器集成度为950万，起始主频为450MHz，制造工艺为0.25μm，采用SECC 2封装技术，增加SEE指令集，即CPU支持RISC、MMX和SEE指令集。

2001年，英特尔公司生产出Pentium IV产品，它包括Willamette、Northwood和Prescott这3个系列的微处理器。Willamette处理器起始主频为1.3GHz，制造工艺为0.18μm，接口为Socket 423，支持RISC、MMX、SSE和SSE 2指令集。Northwood集成5500万个晶体管，起始主频2.4 GHz，制造工艺为0.18μm或90nm，接口为Socket 478，支持的指令集与Willamette相同。2004年，Prescott集成1.25亿晶体管，起始主频为2.53GHz，制造工艺为0.18μm或90nm，接口为LGA（Land Grid Array，平面网格阵列）775（带有755个触点），双核，支持SSE、SSE 2和SSE 3指令集。

2006年1月，英特尔公司生产的领先、节能型Core（酷睿）处理器问世，这标志着奔腾品牌的终结。Core是用于笔记本的32位处理器，采用65nm制造工艺，支持MMX、SSE、SSE 2和SSE 3指令集。Core问世不久就被Core 2取代。

5. 64位微处理器

2006年7月，英特尔公司推出一款全平台架构的Core 2微处理器，即用于台式机系列Conroe、笔记本系列Merom和服务器系列Woodcrest的处理器架构都相同。

Core 2首款推出的是双核Core 2 Duo处理器。现在有Core 2 Solo（单核只用于笔记本计算机）、Core 2 Duo（双核）、Core 2 Quad（四核）及Core 2 Extreme（极致版）4种型号。它们均为64位处理器，主频为1.06～3.33 GHz，前端总线速度为533～1600 MT/s，制造工艺为45nm或65nm，支持MMX、SSE、SSE 2、SSE 3、SSSE 3、SSE 4.1和AMD公司的64位x86-64指令集，接口为Socket T、Socket M、Socket P和Micro-FCBGA。Core 2与Core相比，在性能方面提高了40%，而在功耗方面却降低了40%。

2008年，英特尔公司推出64位四核心处理器，命名为Core i7，至尊版为Core i7 Extreme，且取代Intel Core 2的命名方式。目前，Core i7系列有双核、四核和六核产品，它们在高性能计算和虚拟化性能方面得到很大提升。如六核Core i7-3960处理器集成度约为22.7亿，主频为3.3GHz，加速频率为3.9GHz，二级缓存为6×256KB，三级缓存为15MB，TDP（Thermal Design Power，散热设计功耗）130W，采用LGA 2011接口，DMI（Direct Media Interface，直接媒体接口）总线传输速率为2.5GT/s，内存支持DDR3-1600四通道。

Core i5是Core i7派生的中低级产品，包含多个子系列，现在有四核和双核两个系列。

Core i3可看做是Core i5的进一步精简版，包含多个双核子系列。Core i3最大特点是由CPU和GPU（Graphic Processing Unit，图形处理器）两个核心封装而成的。由于整合的GPU性能有限，要想获得更好的3D性能，需要外加显卡。集成GPU的CPU已在2010年推出。

从上面的论述可以看出，CPU核心发展的方向为：晶体管的集成度越来越高、主频与前端总线的频率越来越大、电压与功耗越来越低、制造工艺与装封技术越来越先进、集成的功能也越来越多，并朝着多核的方向发展。

2.1.2　CPU的基本组成及工作原理

传统的CPU由控制器和运算器两大部分组成。随着高密度集成电路技术的发展，CPU芯片中加入了越来越多的逻辑功能部件，如浮点运算器、缓冲存储器和GPU等。但本小节只介绍CPU中控制器和运算器的组成及其工作原理，其他内容在相关章节中介绍。

1. CPU中控制器与运算器的基本组成

CPU的控制器由程序计数器、指令寄存器、指令译码器、时序生成器和操作控制器组成，是指挥计算机系统协调工作的部件。运算器由算术逻辑单元（Arithmetic Logic Unit，ALU）、累加寄存器、数据缓冲寄存器和状态条件寄存器组成，是数据加工处理的部件。

2. CPU中控制器与运算器的工作原理

CPU主要通过控制器与运算器的协调工作，完成对计算机的总体控制与运算任务。首先，根据用户预先编好的程序，从缓存或内存中取出当前指令放入指令寄存器中，并把下一条指令在内存中的地址存入程序计数器中；然后，指令译码器对寄存器里的指令进行译码（分析），确定应进行的操作，向操作控制器发出具体的控制信号，以便启动规定的动作；最后，操作控制器按照时序生成器确定的时序，向相应的部件发出应进行的操作信号，从而完成一条指令的执行过程。如果发出的指令是进行算术运算，则在控制器的控制下，先将数据从内存读入数据缓冲寄存器中，然后再将第一个运算数放入累加寄存器，由算术逻辑单元将累加器中的运算数与缓冲寄存器中的运算数进行运算，将结果保存到累加寄存器中，完成一次算术运算。控制器和运算器执行指令的这个过程不断快速地重复，完成计算机所处理的各项任务。

2.1.3 CPU的物理结构

CPU主要由内核、基板和引脚组成，如图2-3所示。

基板

内核

引脚

图2-3 CPU的物理结构

1. CPU的内核

CPU的内核分为单核、双核和多核。它们都是由单晶硅制成的长方形或正方形的芯片，位于CPU中间。在这个内核的单晶硅芯片上，一面集成了数以亿计的晶体管，完成运算器和控制器等所能执行的任务；另一面则将每若干个晶体管焊上一根导线，以便与外部电路相连。若为多核CPU则有多个并行处理器位于同一个芯片内。

2. CPU的基板

CPU的基板是由陶瓷或有机物制成的印制电路板（Printed Circuit Board，PCB），如图2-3所示。它里面有连接内核导线和引脚的外部电路，起着固定内核和引脚的作用，实现内核芯片和其他设备之间通信，并决定这一块芯片的时钟频率。

3. CPU的引脚

CPU的引脚指从芯片内部电路引出的与外部电路相连的接线。芯片所有引脚构成CPU的接口，接口可分为卡式、针脚式和触点式等几种。卡式CPU已被淘汰，针脚式和触点式接口的CPU均可以见到，但目前流行的则为触点式的，如图2-3所示的Core i系列均为触点式。触点式或针脚式CPU型号通常用LGA（Socket）加上引脚数来表示。注意Socket T与Socket F专门代表型号为LGA755与LGA1207的CPU。

2.1.4 CPU的性能指标

CPU的性能指标十分重要，反映出计算机的性能。为了能够对CPU有更深入的了解，下面介绍一些CPU主要性能指标。

1. CPU的主频、外频及倍频系数

CPU的主频、外频都是描述CPU性能的重要指标。主频指CPU的时钟频率，是CPU内

核数字脉冲信号振荡的速度。主频越高，CPU在一个时钟周期内处理的指令数就越多，CPU的运算速度也就越快。主频的单位为MHz或GHz。外频指CPU的外部时钟频率，是CPU与主板之间同步运行的速度，也是作为计算机系统的基准频率，其他分系统的频率是基准频率的倍数，单位为MHz。主频与外频之间的关系为：主频=外频×倍频系数。在主频相同的情况下，CPU外频高的计算机整体性能高于外频低的计算机性能。

2. 前端总线频率

前端总线指CPU和外界进行数据交换的通道，前端总线频率描述了CPU的数据传输能力，对计算机整体性能影响很大。如果没有足够快的前端总线，再强的CPU也不能明显提高计算机整体速度。前端总线频率越大，就越能发挥出CPU的性能。

3. 缓存

CPU的缓存是集成在CPU内核上的临时存放数据的静态随机存储器，分为一级、二级和三级缓存，主要用来解决CPU运算速度与内存读写速度不匹配的矛盾。CPU具有的缓存容量越大、级别越多，从内部读取数据的命中率就越高，从而整体性能也越高。

4. 指令集

CPU依靠指令来完成对计算机的控制和计算，指令集的强弱也是衡量CPU性能的一项重要指标。如支持MMX、SSE、SSE 2、SSE 3和SSE 4指令集的CPU性能通常优于仅支持MMX、SSE、SSE 2和SSE 3的CPU。

5. CPU内核和I/O工作电压

从奔腾CPU开始，CPU的工作电压分为内核电压和I/O电压两种，内核电压通常小于等于I/O电压。内核电压由CPU的生产工艺而定，一般制造工艺越小，内核工作电压越低；一般I/O电压在1.6～5V之间。CPU的低电压能够解决耗电过大和发热过高的问题。

6. 制造工艺

CPU的制造工艺指在生产CPU过程中，对各种电子元件、电路进行加工以及制造导线连接各个元件的方法与过程，用精度表示。其中用nm或μm表示的工艺精度指集成电路内部电路与电路之间的距离。该距离越小，意味着CPU的集成度越高，CPU的功能就越多，性能也更好。目前CPU制造工艺精度为45nm和32nm，并已发布了22nm与15nm产品计划。

7. 多核心

CPU的多核心指将大规模并行处理器中的SMP（Symmetrical Multi-Processing，对称多处理器）集成到同一芯片内，各个处理器并行执行不同的进程。多核处理器可以同时运行多个进程或一个进程的多个优化线程，从而进一步提高CPU在设计、图像处理、视频压缩等方面的运算能力。目前，主流CPU为多核心产品。

2.2 主板

计算机的主板通常是一块长方形的四层或六层的PCB，是计算机系统的核心部件。主板的内层是错落有致的电路布线；外层则布满了各种插槽、接口、插座和电子元件。它们都有自己的职责，并把各种周边设备紧紧地连接在一起，使计算机形成一个有机的整体。主板性能对整个计算机系统有着直接的影响。本节主要对主板的类型、组成、性能指标和选购技巧进行简单的介绍。

2.2.1 主板的分类

常见的PC主板主要按以下几种方法进行分类。

1. 按CPU的类型分类

按CPU的类型可分为386主板、486主板、奔腾主板、高能奔腾主板以及Core i3/i5/i7主板等。

2. 按主板上I/O总线类型分类

按主板上I/O总线类型可分为ISA（Industry Standard Architecture，工业标准体系结构总线）主板、EISA（Extension Industry Standard Architecture，扩展标准体系结构总线）主板和MCA（Micro Channel，微通道总线）主板。

3. 按主板的结构分类

按主板的结构可分为AT（Advanced Technology，先进技术标准）、Baby AT（袖珍先进技术标准）、ATX（AT Extended，扩展先进技术标准）、All in One（一体化）和BTX（Balanced Technology Extended，平衡技术扩展架构）主板。

AT指标准尺寸的主板；Baby AT是比AT主板小的袖珍尺寸主板。现在这两种主板已经被市场淘汰。

ATX主板是改进型的AT主板，也是市场上最常见的主板。它在AT结构的基础上，对主板上元件布局进行了优化，有更好的散热性和集成度，也改变了AT主板的外部接口，需要配合专门的ATX机箱和电源使用。ATX主板的变形产品有LPX（Low Profile Extension，小尺寸扩展架构）、NLX（New Low Profile Extension，新型小尺寸扩展架构）、Flex ATX、EATX（Extended ATX，扩展的ATX）和WATX。LPX、NLX和Flex ATX主板在国内很少见到，主要用在原装机和品牌机上。EATX和WATX主要用在服务器和工作站上，体积较大，需要专门的机箱。Micro ATX通过缩减扩展插槽的数量，减少主板的面积，是ATX的紧凑板。

All in One主板上集成了声音、显示和调制解调器等多种电路，不需要插卡就能工作，具有高集成度和节省空间的优点，但也有维修不便和升级困难的缺点。

BTX主板在布局方面比ATX主板更加合理，散热效果更理想。它需要与BTX机箱和BTX电源配合使用。

4. 按生产厂家分类

主板可以按生产厂家进行分类，如联想主板、华硕主板、技嘉主板等。

2.2.2 主板的组成

下面以ATX主板为例，介绍主板的构成及其相应硬件的作用。ATX主板如图2-4所示。

图2-4　主板结构图

1. 芯片

芯片是主板的一个组成部分。尽管不同主板上芯片个数和种类不完全相同，但所有主板都包含BIOS（Basic Input Output System，基本输入/输出系统）芯片、I/O芯片、南桥芯片和北桥芯片，还包含音效芯片和网络芯片。

（1）BIOS芯片

BIOS芯片是主板上存放计算机基本输入输出程序的芯片。BIOS程序起着让主板识别各种硬件、设置引导系统的设备和调整CPU外频等作用。

（2）I/O芯片

I/O芯片是对输入/输出设备进行控制和管理的芯片。它负责对系统所有的输入/输出设备进行管理，而对某些设备只提供最基本的控制信号，然后再用这些信号去控制相应的外设芯片。比如主板上的串口，它除了要有I/O芯片提供的管理之外，还要由另一个芯片来对它进行专门的控制。

（3）南桥芯片

南桥芯片是主板芯片组的重要组成部分，通常在PCI插槽附近。它连接着较多的I/O总线，不直接与CPU相连，但通过一定的方式与北桥芯片连接。南桥芯片主要用来控制主板上的各种接口、PCI总线以及主板上的其他芯片。绝大多数南桥芯片是裸露的，但图2-4中的南桥芯片覆盖着散热器。

（4）北桥芯片

北桥芯片位于CPU插槽附近，由于工作频率高，发热量大，所以芯片上面通常被散热片或风扇所覆盖。北桥芯片与CPU、内存和PCI总线相连，决定着主板支持的CPU类型、PCI显卡的速度和内存的频率。它主要负责处理CPU、内存和显卡三者间的数据传输。

2. 插槽

目前主板上的插槽主要有内存插槽、PCI插槽和PCI-E插槽。

（1）内存插槽

内存插槽指主板上用来插接内存条的插槽，它决定主板所支持内存的类型和容量。内存插槽的类型分为SIMM（Single Inline Memory Module，单列直插内存模块）、DIMM（Dual Inline Memory Modules，双列直插内存模块）和RIMM（Rambus Inline Memory Module，Rambus公司生产的双列直插内存模块），它们用来支持不同类型的内存，图2-4为4个DIMM型的内存插槽。

（2）扩展插槽

扩展插槽是主板上用于固定扩展卡并将其连接到系统总线上的插槽。使用扩展槽可以添加或增强计算机特性及功能。例如，不满意集成显卡的性能，可以将独立显卡插入扩展插槽以增强显示性能；还可以将不支持USB 3.0的主板，通过添加相应的USB 3.0扩展卡以获得该项功能等。目前，常用的扩展槽为PCI和PCI-E。

PCI（Pedpherd Component Interconnect，周边元件扩展接口）插槽是基于PCI局部总线标准扩展插槽，可以插接声卡、网卡、内置MODEM和其他种类繁多的扩展卡。通过插接这些不同的扩展卡能够获得目前计算机所能实现的几乎所有外接功能。

PCI-E（PCI Express）插槽是基于Intel公司提出的最新总线和接口标准的扩展插槽，它包括X1、X4、X8和X16这4种规格，经常使用的是X1和X16。X16用于插接显卡，取代原有的AGP（Accelerate Graphical Port，加速图形接口）插槽。PCI-E插槽具有数据传输速率高（目前最高可达到10GB/s以上）、支持热插拔和较短的PCI-E卡可以插入较长的PCI-E插槽中使用等特点。它将会全面取代现行的PCI和AGP，最终实现总线标准的统一。需要说明：在老式主板上显卡插在AGP插槽中。

3. 对外接口

（1）IDE接口

IDE（Integrated Drive Electronics，电子集成驱动器）接口通常也被称为并口，是老式主板上用来连接硬盘和光驱的接口，如图2-4所示。现已被SATA接口所取代。

（2）SATA接口

SATA（Serial Advanced Technology Attachment，串行高级技术附件）接口是一种基于行业标准的串行硬件驱动器接口，用来连接硬盘和光驱，如图2-4所示；放大后的SATA接口如图2-5所示。SATA由于采用串行连接方式，串行ATA总线使用嵌入式时钟信号，所以具备更强的纠错能力。此外，还具有结构简单、支持热插拔的优点。目前已经成了台式机硬盘的主力接口。

（3）USB接口

USB接口是现在最为流行的接口，最多可以支持127个外部设备，并且可以独立供电，应用非常广泛，如鼠标、键盘、扫描仪和打印机等都可以通过USB口连接到主板上。

（4）其他老式主板的接口

COM接口也称串口，在老式计算机的机箱处可以看到，如图2-6所示。它用来连接串行鼠标和外置MODEM等设备。

图2-5　主板上的SATA接口

图2-6　COM接口

PS/2接口如图2-7所示，绿色的接口连接鼠标，紫色的连接键盘。

LPT接口也称并口，在老式计算机中用来连接打印机和扫描仪，如图2-8所示。这些老式主板的接口现在已被USB口取代。

图2-7　PS/2接口

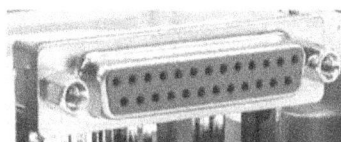

图2-8　LPT接口

4. 主板上的插座

主板上有CPU插座、电源和辅助电源插座。

（1）CPU插座

CPU插座是主板上安装CPU的部件，一个主板只有一个CPU插座，CPU插座的类型与CPU的接口类型相对应，如图2-9所示。

（2）电源插座与辅助电源插座

电源插座是给主板供电的部件，图2-10所示为24pin的电源插座。辅助电源插座是给CPU供电的部件，如图2-11所示。

图2-9　触点式CPU插座

图2-10　电源插座

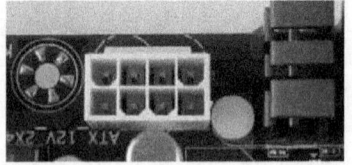
图2-11　辅助电源插座

2.2.3　主板的性能指标与选购技巧

主板是连接CPU、内存、芯片组和BIOS等硬件的部件。主板所支持硬件的类型、能否进行升级以及自身的稳定性决定了主板的性能。下面介绍主板的主要性能指标以及选购技巧。

1．主板的性能指标

（1）主板接口的类型

主板接口的类型是衡量主板性能的一项重要指标，不同类型的接口支持不同性能的硬件，从而决定了主板的性能。如只有Socket H插座，才能支持Intel Core i3/i5/i7 类型的CPU；PCI-EX16显卡插槽可以提高显卡与系统之间的数据传输速率。

（2）扩展性能

主板上同类插槽的数量决定主板的扩展性能。同类插槽个数越多，主板可扩展功能就越强。如果主板上的内存插槽有2个以上，则可以不同程度的扩展内存容量；PCI插槽有3个以上，则可扩展计算机的外部功能。

（3）BIOS技术

BIOS是存储在主板闪存中的软件，如果BIOS具有升级方便和优良的防病毒功能，则可以提高主板的性能和稳定性。另外，修改BIOS的内容，可以对主板进行升级，提高主板的性能；同时对BIOS软件采取防毒保护措施来保证主板正常工作。

2．主板的选购技巧

在选购主板时，除了考虑上面介绍的性能指标外，还应从实际出发，再考虑如下几个因素。

（1）应用需求

根据用户对计算机系统整体性能的应用需求来选购主板。如果要构建多媒体环境，则选择的主板应满足支持高主频、浮点运算能力强和缓存空间大的CPU的要求；如果要为今后升级做准备，则应选择扩展性好与性能出众的主板；如果只要求够用和好用，则可选择性价比出众的整合型主板；如果对运算速度、系统稳定和安全要求苛刻，那就应选择高性能主板。

（2）品牌产品

主板的稳定性和可靠性对整个计算机系统的稳定性起着重大的作用。品牌主板具有设计水平高、制造工艺精和选用元器件质量好等特点，从而为主板提供了良好的质量保证。

2.3　内存

内存也称为主存，用来临时存放CPU需要运算的数据和运算结果。本节将主要介绍内存的发展过程、内存条的结构、内存的类型及其内存性能指标和选购技巧等内容。

2.3.1　内存的发展历程

计算机诞生初期只有内存而无内存条的概念，当时内存以磁芯排列在电路上的方式所存在。每个磁芯与晶体管组成一个双稳态电路作为一位的存储器，而这一位存储器的体积却相当于一个玉米颗粒的大小。由此可见，此时存储器的体积相当巨大。

直到个人计算机出现时，内存才由焊接在主板上的内存芯片组所组成。此时，内存芯片的体积已经大大减小，但容量仍然很小，常见的有256KB×1bit、1MB×4bit。此时，内存芯片存在的最主要问题是，如果某块内存芯片被损坏，则需将该芯片焊接下来才能更换，给维修带来很大麻烦。

在生产286计算机时，出现了内存条产品，计算机主板上也改用内存插槽来安装内存条，彻底解决了内存难以安装和更换的问题。同时，内存条和插槽经过不断地发展，使得内存的性能得到很大的提高。

2.3.2　内存条的结构

内存条由PCB、金手指、内存芯片、内存颗粒空位、内存固定卡缺口、内存脚缺口、电容、电阻、SPD（Serial Presence Detect，模组存在的串行检测）和芯片标识等几个部分组成，如图2-12所示。

图2-12　内存条外观图

1. PCB

内存条的PCB一般为4层或6层，是内存芯片和其他器件的载体，多数呈现绿色，上面有9个安装内存芯片的位置。

2. 金手指

金手指为PCB上一根根的黄色接触点，是内存条与主板内存插槽接触的部分，用来进行数据传输。

3. 内存芯片

内存芯片是内存的核心部分，它决定了内存的性能、速度和容量。如图2-12中的内存条由9个内存芯片组成。

4. 内存芯片空位

内存芯片空位指内存条上没有安装内存芯片的位置，是预留给安装错误检查和纠正（Error Checking and Correcting，ECC）芯片的，如图2-13所示。这个芯片能对内存中的数据进行错误校验和纠正，安装ECC芯片的内存条由9个芯片组成，用在服务器等高端计算机中，如图2-12为ECC内存。

内存芯片空位 ————

图2-13　不带ECC校验位的内存条

5. 电容和电阻

电容和电阻是PCB上不可缺少的电子元件，它们对提高内存的电气性能和稳定性起到很大的作用。

6. 内存固定卡缺口

内存条左右两端的两个缺口被称为内存固定卡缺口。当内存条插入到主板内存插槽后，插槽的两个夹子牢固的扣住内存固定缺口，起着固定内存条的作用。

7. 内存脚缺口

内存脚缺口指内存条金手指这边的缺口，它把金手指分成长度不相等的两个部分，以防内存条插反而被烧坏。

8. SPD

SPD是一个容量为256KB的8脚小芯片，里面存储了内存的标准工作状态、速度和响应时间等信息。主板从SPD中获得内存信息，并按SPD信息使内存得到最佳工作环境。

9. 内存标识

内存条上的标识是检测内存条性能参数的重要依据，它通常包括生成厂家、单片容量、芯片类型、工作速度和生产日期等内容，有的也包含电压和容量系数等，如图2-14所示。

图2-14　内存标识

2.3.3　内存条的类型

内存条按照封装技术可分为SIMM（Single Inline Memory Module，单列直插式内存模块）、DIMM（Dual Inline Memory Module，双列直插式内存模块）和RIMM，它们分别与SIMM、DIMM和RIMM内存插槽相对应。

1. SIMM

SIMM是早期出现的内存条，其特点是PCB上金手指的两侧互通，传输相同信号，这种内存条只有在早期计算机中才能见到。

2. DIMM

DIMM是现在使用的内存条，其特点是PCB上金手指两侧互不相通，各自独立传输信号，提高数据的传输速率。SDRAM DIMM为168pin DIMM结构，即金手指每面有84pin，金手指上有两个卡口。DDR DIMM、DDR2 DIMM与DDR3 DIMM分别为184pin、240pin和240pin DIMM结构，金手指上都有一个缺口，但它们缺口的位置不相同，DDR2缺口两边分别是56和64针，DDR3两边分别是48和72针。

3. RIMM

RIMM是Rambus公司生产的DRAM内存所采用的接口类型，与DIMM的外形尺寸差不多，金手指也是双面。RIMM有184pin针脚，金手指中间部分有两个靠得很近的卡口。RIMM非ECC内存为16位数据宽度，ECC为18位宽，这种内存价格较高，主要用在原装机上。

2.3.4　内存芯片的类型

计算机的内存芯片可分为ROM和RAM两大类。按照传统的概念，ROM（Read Only Memory，只读存储器）代表一类用户只能读取而无法写入数据的存储器，具有断电后存储器内数据不消失的特点。RAM（Random Access Memory，随机存储器）是一类用户既能读出，又能写入的存储器，具有断电后数据消失的特点。现在ROM和RAM的含义发生了一些改变：ROM通常指非挥发的存储器，即系统断电后数据不消失的一类；RAM指挥发的存储器，即系统断电后数据消失的一类。在本小节中ROM和RAM的具体含义均明确给出。

1. ROM类

ROM类可分为MROM（Mask ROM，光罩式ROM）、PROM（Programmable ROM，

可编程ROM）、EPROM（Erasable Programmable ROM，可擦除可编程ROM）和EEPROM（Electrically Erasable Programmable ROM，电子式可擦除可编程ROM）。ROM芯片被焊接在主板上，主要用来存储计算机的基本输入输出信息，BIOS信息就存储在ROM芯片中。

MROM也称为ROM，是一种只读存储器。MROM内的数据是在生产MROM的过程中，以一种特制光罩的方法将数据烧录进去，其中的数据只能读出不能修改。如果用户发现写入的数据有错误，则只能放弃这块MROM，然后重新生产。MROM在生产线上生产成本高，一般只用在大批量应用的场合。

PROM也是一种只读存储器。在生产PROM的过程中，厂家是不写入任何数据的，而是用户利用专用的编程器将自己需要的数据写入，但这种写入只能一次，写入的内容无法修改，内容写错的芯片只能报废。PROM的特性和MROM相同，但其成本比MROM高，且写入数据的速度比MROM慢，一般只适用于少量需求的场合。

EPROM是一种可重复擦除和写入的存储器，解决了PROM只能一次写入的弊端。当需要写入数据时，用户使用专用的编程器，再给芯片加上一定的电压，就可以将数据写入到EPROM内。当需要擦除数据时，将EPROM芯片正面玻璃窗口上贴纸或胶布撕掉，紫外线透过露出的玻璃窗口照射到内部电路一定时间后，EPROM内的数据就会被全部擦除。

EEPROM是一种电子擦除式存储器。擦除数据时，只用电子信号来修改内容，而且以字节为最小修改单位，不用将数据全部删除才能写入，彻底摆脱了EPROM和编程器的束缚。EEPROM在写入数据时，要利用一定的编程电压和厂商提供的专用刷新程序改写内容。写入EEPROM芯片内BIOS具有良好的升级和防毒功能，这种存储器最大的缺点是受到擦写次数的限制。

Flash Memory（闪存）也是一种EEPROM。根据架构不同，闪存可分为NOR Flash Memory与NAND Flash Memory两种。NOR 闪存的特点是传输效率很高、容量较小、写入和擦除速度较慢。目前主板上的BIOS芯片大多由NOR闪存制造。NAND闪存的结构决定了它具有存储容量大、写入和擦除速度快等特点。人们经常使用的U盘、数码存储卡等都由NAND闪存制成。

2. RAM类

RAM类可分为DRAM（Dynamic Random Access Memory，动态随机存储器）和SRAM（Static Random Access Memory，静态随机存储器）两类。

（1）DRAM

DRAM是依靠MOS电路中的栅极电容来存储数据。由于这种电容上的电荷会出现泄漏现象，所以需要设置刷新电路来定时补充电容上的电荷。这决定了DRAM具有集成度高、功耗小、价格低和存取速度较慢等优/缺点，适于作为大容量存储器之用，如内存条的芯片几乎为DRAM。

DRAM得到广泛应用的类型为SDRAM（Synchronous Dynamic Random Access Memory，同步动态随机存储器）、DDR（Double Data Rate SDRAM，双倍速率同步动态随机存储器）、DDR2、DDR3和DDR4。

SDRAM是一种结构得到改善的增强型DRAM，其频率由66MHz发展到100MHz、133MHz。DDR SDRAM是SDRAM的升级版，其数据传输速率为SDRAM的两倍，但能耗并没有增加。DDR2融入了一些新技术，将内存频率提升到400MHz、533MHz、667MHz、800MHz

和1066MHz，同时DDR2的工作电压降到1.8V，减少了能耗。DDR3的最大频率已经达到2000MHz，工作电压降低1.5V，能耗更少。2012年1月份，三星公司已经开发出历史上第一款DDR4 DRAM的内存条，其采用30nm制造工艺，最高频率可以达到4266MHz，工作电压降至1.1V，乃至1.05V。预计2015年DDR4将取代DDR3的统治地位，成为内存的主流规格。

（2）SRAM

SRAM是依靠双稳态触发器来存储数据，不需要刷新电路即能保存它内部存储的数据。这决定了SRAM具有存储速度快、集成度低、运行功耗大等特点，适合作为小容量的存储器之用，如缓存芯片为SRAM。

2.3.5　内存条的性能指标与选购技巧

1. 内存的性能指标

内存的性能指标有很多参数，下面介绍几个重要参数。

（1）内存的容量

内存容量指内存可存放数据空间的大小，其常见的单位有MB和GB。目前内存大多以GB为单位，如常见单条内存容量一般为1GB、2GB或4GB。

（2）内存的速度

内存速度可以分别用存取速度和内存主频来描述。当用存取速度表示时，一般用存储器存取时间来衡量，单位为ns。存储器存取时间指启动一次存储器操作到完成该操作所经历的时间，时间越短，速度越快。目前大多数SDRAM内存芯片的存取时间为5、6、7、8或10ns。内存主频指内存所能达到的最高工作频率，单位为MHz。内存主频决定了内存最高的正常工作频率，频率越高，速度就越快。存取速度与频率之间的关系为：1ns=1000MHz，6ns=166MHz，7ns=143MHz，10ns=100MHz。

（3）CL（Column Address Strobe Latency，列地址选通脉冲延迟时间）

内存存储数据时的数据存储位置由内存的行地址与列地址所决定。当CPU向内存发出存储命令时，DRAM控制器先接到RAS（Row Address Strobe，行地址选通脉冲）信号，找到相应的行地址；然后收到CAS信号，再找到相应的列地址。DRAM控制器从接到CAS信号到找到列地址的时间称为CL。这是衡量内存性能的一个重要参数，通常有2和3两个值，值越小，内存的性能就越好。当然也有RL（Row Address Strobe Latency，行地址选通脉冲延迟时间）等参数，但它们对内存性能的影响都很少。

（4）内存的电压

内存电压指内存能稳定工作时的电压。内存电压越低，能量消耗越少，工作就越稳定。SDRAM、DDR、DDR2和DDR3的内存电压分别为3.3V、2.5V、1.8V和1.5V。

（5）数据的宽度和带宽

内存数据宽度指内存同时传输数据的位数，单位为bit。理论上说，宽度越大，性能越好；实际上要与CPU相匹配。内存带宽指内存的数据传输速率，单位为GB/s。它与内存速度、数据宽度有关，公式为：带宽=内存频率×通道数×数据宽度/8。如DDR 333频率为

166MHz，通道数为2，数据宽度为64，则带宽为166×2×64/8≈2700MB/s≈2.7GB/s。

（6）内存的奇偶校验

内存的奇偶校验是检测内存错误的一种方法，它分为奇校验与偶校验。带有奇偶校验的内存，在存储每一字节的数据后，增加1位错误校验位，存储这个字节8位上的数字和的奇偶特点。如8位数据信息为11100101，其和为奇数5。若为偶校验，则校验位存1；若为奇校验，则校验位存0。当CPU读取数据时，它把存储的8位数据相加，检验其奇偶性是否与校验位相一致。若数据只有一位出现差错，则奇偶校验法可以检测出这种错误，但无法对其进行修正；若数据双位同时发生错误，则奇偶校验失灵。

2. 内存的选购技巧

选购内存的时候，除了考虑上述的内存性能指标外，还应该考虑如下几个问题。

（1）内存的做工

内存做工的精良直接影响到内存的稳定性以及性能的发挥，大厂家生产的内存芯片、做工优良的6层或8层PCB板、金层厚度达到6～10μm金手指等都可以保证内存的质量。

（2）支持内存的平台

目前内存主流产品为DDR2和DDR3。由于内存插槽都互不兼容，所以在购买内存之前，要确定主板支持的内存类型。

（3）实际应用

内存的容量不仅是影响内存价格的因素，还是影响到整机系统性能的因素。但并非内存容量越大越好，要根据用户的实际需求，以达到发挥出内存的最大价值。如Windows XP平台，512MB内存是主流，1GB已经是大容量了；但到现在64位Windows 7平台时，4GB内存是主流选择。

2.4 机箱

机箱即计算机硬件的载体，由金属钢板和塑料面板制成，起着支撑、固定、保护计算机硬件和屏蔽电磁辐射的作用。本节主要介绍机箱的发展、类型、组成和选购技巧等有关内容。

2.4.1 机箱的发展历程

机箱在计算机硬件中，虽然发展速度较慢，但也经历了几次重大变革。

1944年，最早的计算机ENIAC占地1500ft²，约135m²，要占据一个大房间，此时没有机箱的概念，房子就是它的机箱。

1984年，在个人计算机推出的第三年，IBM公司公布了个人计算机机箱的标准，即AT标准，按照此标准生产的机箱称为AT机箱。在此之前，机箱的设计一直随着主板的架构而变化。

随着CPU散发的热量越来越大，Intel公司为了确保CPU能在一个安全的环境内工作，于是便推出了一个CAG（Chassis Air Guide，机箱散热风流设计规范）。

2002年，Intel推出了CAG 1.0标准，即在25℃室温下，规定机箱内CPU散热器上方2cm处的四点平均温度不能超过42℃。随着CPU主频的快速提升，发热量也在迅猛地上升。为了从容应对此种情况，Intel公司在2003年推出了近乎于苛刻的CAG 1.1标准，即在25℃室温下，机箱内CPU散热器上方2cm处的四点平均温度不得超过38℃，达到这个标准的机箱则称为38℃机箱。此时机箱只是CPU散热的附属，丧失了机箱的本质：为核心硬件提供理想的工作环境和为用户提供理想的使用环境。

2009年，一些具有爆发性创新设计的机箱出现，如硬盘散热、防辐射和背线机箱等。此后，机箱内部布局更加合理、散热效果更理想、加上更多人性化的设计，使机箱回归了其本质。

2.4.2　机箱的类型

按照主板的类型可把机箱分为AT、ATX、Micro ATX以及BTX等型号。AT机箱用来支持安装AT主板，现已被淘汰；ATX机箱是目前最常见的机箱，支持ATX、All in One等绝大部分类型的主板；Micro ATX机箱支持Micro ATX主板；BTX机箱支持BTX型主板。此外，还有支持特殊类型主板的一些特殊尺寸的机箱。

2.4.3　机箱的组成

机箱一般包括外壳、支架、面板上的各种开关、指示灯和各种接口等，如图2-15所示。外壳由钢板和塑料结合制成，硬度高，主要起保护机箱内部元件的作用；支架主要用来固定主板、电源和各种驱动器；开关包含开机按钮和重新启动按钮，分别用来开启和重启计算机；指示灯用来显示硬件的工作状态；前置接口包括USB接口、音频输出接口、麦克风输入接口。

（a）外壳

（b）支架

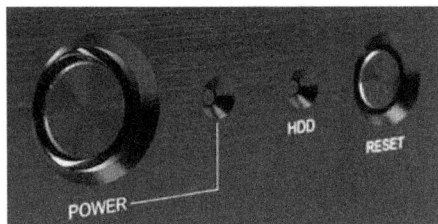
（c）面板上的开关和指示灯

（d）前置接口

图2-15　机箱组成

2.4.4　机箱的选购技巧

在选购机箱时，应该考虑机箱类型要与主板相匹配，还要考虑如下几个方面。

1. 机箱的材质

机箱的材质是衡量机箱优劣的重要指标。它影响着机箱防电磁辐射能力，直接决定着机箱质量的好坏。目前市场上机箱的材质可分为镀锌钢板和铝镁合金板。

镀锌钢板具有抗酸、防锈、防蚀、使用年限长和材质轻等特点，同时外表也较为美观，因此是机箱普遍使用的材质。厚度在0.7～1mm的镀锌钢板制成的机箱具有很好的强度和抗辐射性能。镁铝合金板材具有更高的耐磨性、抗腐性、重量轻和热传导能力强等特点，因此用这种板材制造的机箱结构更加稳固、散热和电磁屏蔽功能更加优良、整体重量大大减轻、外观更加美观。这种机箱通常用做高端计算机的机箱。

2. 机箱的工艺

机箱做工的细腻也是衡量机箱质量的因素。如散热风扇、散热风扇预留位置和散热孔的多少影响计算机的散热性能；散热孔的大小直接关系到机箱防尘性能和电磁屏蔽作用等。

3. 机箱的外观

机箱外观的美观程度也是机箱最基本的特性，是用户选择机箱的一个条件。因此，机箱会朝着多元化的方向发展来满足用户对机箱美观程度的需求。

2.5　电源

计算机电源是一种安装在主机箱内的封闭式独立部件，它起着将交流电压转换成计算机所需要的稳定直流电压的作用，以供主机箱内主板、硬盘和光驱等部件使用。

2.5.1　电源的类型

1. AT电源

AT电源主要应用在早期的主板上，如AT主板和Baby AT主板，如今AT电源已被淘汰。AT电源供应器功率为150～220W，共有+5V、–5V、+12V、–12V四路输出，另向主板提供一个P.G.信号。AT电源供应器的体积是150mm×140mm×86mm，使用AT电源的计算机，在关闭计算机电源开关后，也就真正关闭了电源。

2. ATX电源

ATX电源是现在计算机普遍使用的电源，它具有的±5V、±12V、+3.3V、+5VSB和PS-ON七路输出。其中+3.3V输出主要为内存供电；+5VSB也称辅助+5V，只要插上220V交流电压，它就有电压输出；PS-ON是主板向电源提供的电平信号，低电平时电源启动，高电平时电源关闭。利用+5VSB和PS-ON信号，可以实现软件开关机器、键盘开机、网络唤醒等功能。辅助5V始终是工作的，有些ATX电源在输出插座的下面加了一个开关，可切断交流电源输入，彻底关机。

3. Micro ATX电源

Micro ATX是Intel公司在ATX电源之后推出的标准，主要目的是降低成本。Micro ATX电源的体积和功率都比ATX小。ATX的体积是150mm×140mm ×86mm，Micro ATX的体积是125mm×100mm×63.51mm；ATX的功率在220W左右，Micro ATX的功率在90～145W之间。

2.5.2　电源的选购技巧

1. 检查外观

检查外观主要指估量电源的重量和查看输出电线的粗细。质量好的电源一般重量比较重且输出线较粗。线的粗细主要看线上AVG后面的两位数字，数字越小，线芯越大，如16号线比22号线粗。

2. 观察散热片的材质

从外壳散热窗往里看能够查看到散热片的材质。质量好的电源采用较厚的铝或铜材料做散热片，且散热片面积大。

3. 测量负载压降

对于ATX电源，让PS-ON（绿色线）与GND（黑色线）短接启动电源，测量输出电流约为10A时的电压，压降小的质量较好。上述试验不能在+12V、-12V上做，以免烧坏电源。

4. 检测未接地线电源

质量好的电源在未接地线通电启动后，用手触摸外壳会略有麻手的感觉，另外空载运行时风扇声音均匀并较小。

5. 查看认证标志

优质的电源一般具有FCC（Federal Communications Commission，美国联邦通信委员会）、美国UL（Underwriter Laboratories Inc.，保险商试验所）和中国长城等多国认证标志。这表明电源符合专业标准，是安全可靠的电源。认证标志在包装和产品表面上使用。

2.6　练习与应用

一、填空题

1. CPU的控制器是指挥计算机系统_____的部件，运算器是数据_____的部件。
2. CPU主频与外频之间的关系为：主频=_____。

3. 主板按照其结构可分为AT、Baby AT、_____、All in One和BTX主板。

4. 主板上的_____插槽可以插接声卡、网卡。

5. 主板的对外接口中，可以独立供电，应用广泛的接口是_____接口。

6. SATA接口是一种基于行业标准的串行硬件接口，用来连接_____和_____。

7. BIOS芯片是主板上存放计算机基本_____程序的芯片。

8. 内存的金手指是内存条与主板内存插槽接触的部分，用来进行_____。

9. _____把金手指分成长度不相等的两个部分，以防内存条插反而被烧坏。

10. 某内存的频率为166MHz，通道数为2，数据宽度为64，则该内存的带宽为_____。

11. 目前内存的主流产品DDR2和DDR3属于_____类内存芯片。

12. 按照主板的类型可把机箱分为AT、_____、Micro ATX以及BTX等型号。

13. _____起着将交流电压转换成计算机所需要的稳定直流电压的作用，以供应主机箱内主板、硬盘和光驱等部件使用。

二、简答题

1. CPU核心发展的方向是什么？

2. 简述CPU的发展历史。

3. 简述南桥芯片和北桥芯片的作用。

4. 主板的性能指标有哪些？如何选购主板？

三、应用题

1. 上网查找生产CPU、主板和内存芯片的主要厂家的名称以及它们生产的产品型号。

2. 查看自己所使用计算机的主板和机箱类型以及主板芯片组上的芯片都属于哪种类型。

第3章

计算机外部存储设备

计算机外部存储设备指不受断电影响可以长期保存计算机数据的存储设备，它与内存一起构成计算机的存储系统。常见的外部存储设备包含硬盘、光盘、移动硬盘和U盘等。本章主要介绍这些外部存储设备的类型、内外部结构、工作原理、性能指标和选购技巧等内容。

学习要点：

- 了解硬盘、光盘的主要结构。
- 掌握硬盘/移动硬盘/光驱/U盘的特点、性能指标和选购技巧。
- 理解硬盘、光盘的工作原理。

3.1 硬盘

硬盘是一种存储容量较大的外部存储设备，其作用是存储计算机运行时需要的数据。硬盘的性能直接决定了计算机工作的稳定性及计算机中数据的安全性。另外，硬盘和计算机运行的速度也有着直接的关系，CPU需要运算的原始数据都从硬盘中获取，运算结果也要放回到硬盘里，数据交换的快慢直接影响到计算机的速度。

3.1.1 硬盘的发展历程

1956年9月，IBM公司发明的一个磁盘存储系统IBM 350 RAMAC（Random Access Method of Accounting and Control，计算与控制的随机存储器）被认为是第一块"硬盘"。该系统的50个直径为24in、表面涂有磁性物质的盘片被叠放固定在一起，绕着同一个转轴旋转。磁头直接接触盘面，并可从盘片的任意两个存储区域之间直接移动，实现了随机存储，整个系统容量仅为5MB，体积约有两个冰箱大。

1973年，IBM公司成功研制了一种新型硬盘IBM 3340。这种硬盘拥有两个直径为14in的同轴金属盘片，盘片上涂着磁性物质，磁头被固定在一个能沿盘片径向运动的传动手臂上，悬浮的磁头从旋转的盘片上读出磁信号的变化，盘片、磁头和驱动机构被密封在一个金属盒里，硬盘容量为60MB。这种硬盘被称为Winchester（温彻斯特）硬盘或机械硬盘，是"现代硬盘之父"。

在以后的十几年里，薄膜磁头、磁阻（Magneto Resistive，MR）磁头、巨磁阻（Giant Magneto Resistive，GMR）磁头以及"仙尘"（Pixie Dust）高密度技术的发展，为减小机械硬盘体积、增大存储容量、提高读写速度提供了可能。新型串口（Serial ATA，SATA）

技术的出现，提高了机械硬盘接口的传输速率，改善了计算机系统的整体性能。

虽然机械硬盘在存储容量、读写速度和传输速率等性能上有很大提高，但硬盘的读写速度始终是计算机发展的瓶颈。在此情况下，固态硬盘（Solid State Disk或Solid State Drive，SSD）的概念被提出。

早在1989年，世界上第一款SSD就问世了。但由于其性价比很低，所以固态硬盘仅仅应用于军事、航空以及医疗等特殊领域。

2007年7月，IBM公司在其刀片式服务器上安装了SanDisk固态硬盘，之后许多笔记本计算机开始配备固态硬盘。目前固态硬盘的设计容量最高可达16TB，但市场上销售的最大容量是512GB，售价约1万元。

3.1.2 硬盘的分类

按存储技术的不同，硬盘可以分为机械硬盘和固态硬盘。

1. 机械硬盘

机械硬盘按照接口的类型，可划分为IDE（Integrated Drive Electronics，电子集成驱动器）硬盘、SATA（Serial ATA，串行高级技术附件规范）硬盘、SCSI（Small Computer System Interface，小型计算机系统接口）、SAS（Serial Attached SCSI，串行小型计算机系统接口）硬盘和FC（Fiber Channel，光纤通道）硬盘5种。

（1）IDE硬盘

IDE即电子集成驱动器，指把"硬盘控制器"与"盘体"集成在一起的硬盘驱动器。现在把并行接口的硬盘通称为IDE硬盘，如图3-1（a）所示。这种硬盘曾经在个人计算机中占主导地位，市场份额也很大，但随着串行技术的发展，IDE硬盘已被SATA硬盘所取代。

（a）正面　　　　　　　　　　（b）反面

图3-1　硬盘外部结构

（2）SATA硬盘

SATA硬盘指满足"串行高级技术附件规范"的串行接口硬盘。这种硬盘不仅传输速率快，还能对传输数据和指令进行检查与自动矫正，从而提高了数据传输的可靠性。此外，串口硬盘还具有结构简单、支持热插拔等优点。目前，它已取代了IDE硬盘。

（3）SCSI硬盘

SCSI即小型计算机系统接口，是一种用于计算机和智能设备之间的通用接口，而非专为硬盘设计的接口。SCSI硬盘具有读写和传输速率快、可靠性高、缓存容量大、CPU占用率低、支持热插拔等特点，被广泛地应用到服务器或高端工作站中，普通PC上很少见到。

（4）SAS硬盘

SAS即串行小型计算机系统接口，通过采用串行SCSI技术，可以获得更高的传输速率。设计SAS接口是为了改善存储系统的效能、可用性和扩充性，并且提供与SATA硬盘的兼容性。

（5）光纤通道硬盘

光纤通道接口是专门为网络系统设计和开发的一种接口，后来随着多硬盘系统对数据高速传输的需求，人们研制和开发了光纤通道硬盘，这种硬盘的出现大大提高了多硬盘系统的通信速度和灵活性。除此之外，在使用光纤连接时还具有热插拔性、远程连接等特点。它主要用于高端服务器中。

综上所述，SATA硬盘是目前比较流行的应用于个人计算机中的硬盘，SCSI和SAS硬盘主要应用于服务器，而光纤通道硬盘则价格昂贵，只应用于高端服务器。

2. 固态硬盘

固态硬盘也称为电子硬盘。按照硬盘电子芯片的类型，可将固态硬盘分为基于Flash Memory和DRAM的两种类型的硬盘。

（1）基于Flash Memory的固态硬盘

基于Flash Memory的固态硬盘采用Flash芯片作为存储介质，结构简单，是市场上常见的固态硬盘。

（2）基于DRAM的固态硬盘

基于DRAM的固态硬盘采用DRAM作为存储介质，需要独立电源来保存数据，属于非主流产品，应用范围较窄。

3.1.3　硬盘的结构

本节从两种类型硬盘的外部结构与内部结构两个方面，介绍硬盘的组成及其各个部件的基本功能。

1. 机械硬盘

（1）硬盘的外部结构

硬盘外部由固定面板、安装孔、控制电路板和接口组成，如图3-1所示。固定面板指硬盘的外壳，用来保护硬盘盘片和整体的稳定运行。硬盘的控制电路板位于硬盘的背面，电路板上的芯片主要用于控制硬盘数据的存取、硬盘的电机以及主轴电机的转动。硬盘接口包含数据接口和电源接口两部分，电源接口与主机电源相连，为硬盘工作提供电力保证；数据接口则是硬盘和主板之间进行数据交换的纽带，通过专用的数据线与主板上的相应接口进行连接。图3-2所示为SATA硬盘接口。

SATA电源接口

SATA数据接口

图3-2　SATA硬盘接口

（2）硬盘的内部结构

硬盘的内部结构通常由盘片、主轴电机、磁头、传动手臂和传动轴组成，如图3-3所示。

传动手臂

传动轴

盘片

主轴电机

磁头

磁头着陆区

图3-3　硬盘内部结构

盘片是硬盘存储数据的载体，它由表面覆盖一层薄薄磁性介质的铝制合金制成。每张盘片分为上下两个盘面，利用盘面上磁性介质的特性，通过磁头的作用在盘片上记录和读取数据。一个硬盘通常由多张盘片组成，所有盘片都平行地固定在主轴电机上，受硬盘厚度的影响，一个硬盘最多有4张盘片。单张盘片的存储容量也称单碟容量，单碟容量决定硬盘的容量。同时，单碟容量的增大也有助于提升硬盘的数据传输速率。因为单碟容量越大，盘片线性密度（单位长度磁道的数据存储密度）越高，磁头的寻道频率与移动距离可以相应地减少，从而减少了平均寻道时间，数据传输速率也就提高了。

主轴电机是带动盘片转动的部件，它的转动速度即为硬盘转速，一般以每分钟多少转来表示（单位为r/min）。主轴电机转速越高，盘片转动速度就越快，磁头等待时间也就越短，读写数据的速度就越快。但转速的提高将会带来磨损加剧、温度升高、噪声增大等一系列负面影响，所以主机的转速不能无限的提高。

硬盘磁头是硬盘读写数据的关键部件，它利用特殊材料的电阻值会随磁场变化的特性来读写盘片上的数据。每张盘片有两个盘面，每个盘面上都有一个磁头，巨磁阻磁头是目前常用的磁头。

传动手臂和传动轴是带动磁头运动的装置，如图3-3所示。传动手臂的一端安装磁头，另一端固定在传动轴上。当硬盘需要写入和读取数据时，传动手臂在传动轴的驱动下做径向运动，使得磁头能够读到盘片上任何位置的数据。当硬盘不工作时，磁头停在磁头停泊区。

2. 固态硬盘的结构

（1）固态硬盘的外部结构

固态硬盘的外形和尺寸比传统硬盘小很多，如图3-4（a）所示；它的外部结构图如图3-4（b）所示，采用的接口大多是SATA接口。

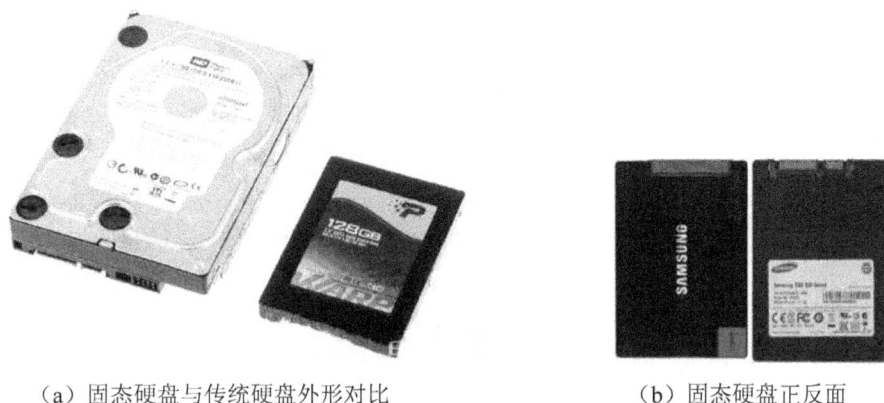

（a）固态硬盘与传统硬盘外形对比　　　　　　（b）固态硬盘正反面

图3-4　固态硬盘的外部结构

（2）固态硬盘的内部结构

固态硬盘内部为一块PCB，上面由主控芯片、闪存芯片组、缓存芯片、传输接口以及一些小元器件所组成，如图3-5所示。

主控芯片主要负责完成数据的读取和写入，平衡各个闪存芯片上的负载，监控全部闪存的状态，管理每个闪存芯片，进行数据校验等任务，因此，主控芯片的性能直接影响到固态硬盘的速度；闪存芯片组用来存储数据，它的性能也影响固态硬盘的速度；缓存芯片辅助主控芯片进行数据处理。

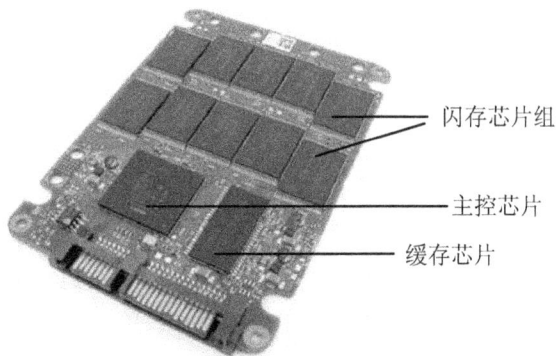

图3-5　固态硬盘的内部结构

3.1.4 硬盘的工作原理

1. 机械硬盘

新硬盘在工作之前，需要进行格式化操作。格式化硬盘实际上就是给硬盘盘面编号、划分磁道和扇区的过程。磁面指组成盘体各盘片的上下两个盘面，磁道指盘面上的磁性物质，在磁盘格式化时被划分成的若干个同心圆，每个圆被称为一个磁道，最外层的为0道，且磁道序号依次向盘面中心递增。在老式硬盘中，最靠近中心的磁道不记录任何数据，被称为着陆区（Landing Zone），是硬盘每次启动或关闭时，磁头起飞或停止的位置，此时磁头与盘面接触；而新型硬盘设置了着陆区（见图3-3）。扇区指每条磁道被等分后相邻两半径之间的区域，是磁盘存取数据的基本单位。柱面则为盘片上半径相同的磁道构成的一个圆筒，柱面可用以计算逻辑盘的容量，如图3-6所示。需要注意的是这些都是逻辑概念。

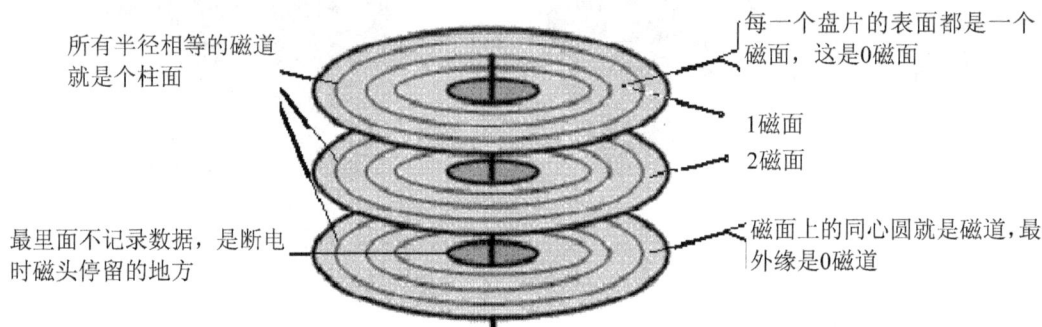

图3-6 硬盘磁道、柱面及扇区

硬盘工作时，盘片在主轴电机的带动下高速旋转。磁头也随着传动部件，从数据着陆区启动，然后在距离盘面数据区0.2～0.5μm的高度上不断移动，此时磁头不接触盘面。在上述过程中，磁头很快找到要写入或要读取数据的磁道及扇区。当向磁盘写入数据时，由于磁盘已被格式化，磁道上就好像有无数个任意方向排列的小磁铁，这些小磁铁在磁头磁力作用下，改变其磁极的方向，完成记录0、1信号的工作，从而实现硬盘写入数据的目的。当读取数据时，盘片上所记录磁信号的磁场会感应磁头，将磁头感应到的小磁铁的不同极性转换成不同的电脉冲信号，再利用数据转换器将这些原始信号变成计算机可以使用的数据，从而完成硬盘读取数据的任务。

2. 固态硬盘

固态硬盘中的每个NAND闪存芯片是一个独立的存储单元，主控制器将所有存储单元制成一个并联磁盘阵列。当硬盘写入数据时，主控制器把数据进行分解，根据芯片的负载情况，分别写入到不同的存储单元中。

向一个NAND存储单元写入数据实际是通过充电的方式来实现，因此写入必须在空白区域进行。若目标区域已有数据，则需要先删除数据，然后再次写入，而删除数据则是通过放电方式来实现。但是闪存写入与删除操作的基本单位不同，写入数据的基本单位称为页，用KB表示，它描述一次写入数据的容量。删除数据的基本单位称为块，是页的正整数倍。这就是说，若删除某个数据，则删除的是它所在的块。删除一个块中的数据时，先对要删除的数据进行标记，当再次需要在这个物理位置写入数据时，才会把有效数据复制到新的其他块上保留起来，然后才能真正删除原来的数据块。固态硬盘正常读取数据的方法是通过感应闪存芯片中信号来获得存储数据信息。

从固态硬盘的读写机制可以看出，在读写操作过程中完全通过电路来传输信号，不存在移动磁头、旋转盘片等动作，因此大大减少了处理时间。

3.1.5　硬盘的性能指标与选购技巧

1. 机械硬盘

评价硬盘的性能指标主要有硬盘容量、数据传输速率、平均访问时间及缓存等。

（1）硬盘的性能指标

1）硬盘的容量

硬盘的容量是最重要的性能指标，容量越大，存储的信息量也越大。目前，主流硬盘的容量有320GB、640GB、1000GB、1.5TB、2TB和3TB。需要注意，硬盘厂商在标称硬盘容量时通常取1GB=1000MB，因此实际硬盘的容量要小于厂家标注的容量。

2）数据传输速率

硬盘数据传输速率指硬盘读写数据的速度，它包括内部数据传输速率和外部数据传输速率。

内部传输速率指硬盘将数据从盘片上读出，再存储到缓存内的速度，其使用的单位为Mb/s（兆位/秒）或MB/s（兆字节/秒）。内部传输速率是衡量硬盘整体性能的重要指标。

外部传输速率指硬盘接口从硬盘缓存中将数据读出交给相应控制器的速度。它主要与接口的类型有关，通常用接口速率来表示，单位为MB/s。目前市场上采用不同接口的硬盘外部传输速率在理论上达到的最大值分别为：ATA-133为133MB/s，SATA 1.0为150MB/s，SATA 2.0为300MB/s，SATA 3.0为600MB/s。

3）平均访问时间

平均访问时间指磁头找到数据所在磁道和扇区需要用的平均时间，等于平均寻道时间与平均等待时间之和，是衡量硬盘读写速度的重要指标，也是影响到硬盘内部数据传输速率的重要因素。

平均寻道时间指硬盘磁头从当前位置移动到数据所在磁道需要花费的平均时间，单位为ms（毫秒），一般为9ms。值得注意的是，现在不少硬盘用平均寻道时间代替平均访问时间。

平均等待时间指已处于访问数据磁道的磁头，等待访问数据的扇区转至磁头下方所需的平均时间。平均等待时间为盘片旋转一周所需时间的一半，一般应在4ms以下。

4）缓存

硬盘的缓存是硬盘控制器上的一块内存芯片，具有极快的存取速度，在硬盘和内存间起到数据缓冲的作用，以解决低速设备与高速设备在进行数据传输时的瓶颈问题。缓存的大小直接影响到硬盘的整体性能。目前，硬盘缓存大小有8MB、16MB、32MB和64MB。

（2）硬盘选购的技巧

在选购硬盘时，除了考虑上面介绍的性能指标外，还应考虑如下几个方面的问题。

1）接口类型

由于硬盘接口类型分为IDE、SATA、SCSI、SAS和光纤通道等，所以在选购硬盘时，必须挑选与主板提供的接口类型相一致的硬盘。

2）硬盘转速

由于硬盘转速影响数据读取的速度，因而对系统整体的性能也有着一定的影响。现在一般笔记本硬盘转速是5400r/min，台式机硬盘转速是7200r/min，服务器上的硬盘转速有10000r/min和15000r/min两种。硬盘的转速越快，硬盘的内部传输速率也就越快，硬盘整体的性能也随之越来越高，但转速越快，发热量也越高。

3）售后服务

由于硬盘内保存的数据相当重要，加上硬盘读写操作比较频繁，所以保修问题等售后服务尤为突出。在购买硬盘时，一定要通过正规渠道，选购知名品盘的具有良好售后服务的产品。

2. 固态硬盘

（1）固态硬盘性能指标

1）读写速度

读写速度是固态硬盘的主要性能指标，它与主控芯片有着密切的关系。不同的主控芯片对数据处理能力和对闪存芯片的读写控制能力都有非常大的差异，这直接影响了固体硬盘的读写速度。

2）传输速率

传输速率指数据的传输速率，它与固体硬盘的接口有关，USB 3.0接口的速率高于USB 2.0的速率。

（2）固态硬盘选购技巧

在选购固态硬盘时，除了考虑上面介绍的性能指标外，还应考虑如下几个方面的问题。

1）应用的领域

基于Flash的固态硬盘和基于DRAM的固态硬盘具有不同的特性，因此在选购固态硬盘时，应明确应用领域。基于Flash的固态硬盘是写入的数据断电后不丢失、可随意移动和使用年限不长的存储器，适合在个人计算机上使用。 基于DRAM的固态硬盘是一种高性能、使用寿命长、需要独立电源来保护数据安全的存储器，适合在服务器上使用。

2）芯片的品牌

固态硬盘中各种芯片的质量直接影响到固态硬盘的整体性能，因此选购固态硬盘时，应考虑芯片的品牌，这样可以保证固态硬盘的质量。

3）缓存芯片

缓存芯片是辅助主控芯片进行数据处理的芯片。没有缓存芯片的固态硬盘可以降低成本，但也影响了固态硬盘的性能，因此应选择带有缓存芯片的固态硬盘。

3.1.6　机械硬盘与固态硬盘的比较

1. 固态硬盘的优势

固态硬盘由于采用闪存作为存储介质，没有机械结构，没用高速旋转的磁盘，也不存在磁头臂寻道的声音和高速旋转的噪声，所以与机械硬盘相比，具有读取速度快、抗震性能强、发热功耗低、噪声消失、重量轻、体积小和工作温度范围广等优点。

2. 固态硬盘的不足

固态硬盘虽然具有很多优点，但由于受闪存芯片的限制，也存在写入速度慢、使用寿命有限、性价比低和数据恢复难等不足。

3.2　光盘驱动器

光盘是用来存储数据的介质，具有存储容量大、保存时间长、携带方便、价格便宜等优点，适合保存大量的数据，例如视频、动画、声音、图像等。

光盘驱动器是计算机存取光盘信息的设备，简称光驱。从光盘上读取数据或向光盘写入数据都必须通过光盘驱动器来完成。

3.2.1　光盘的分类

光盘存储技术始于20世纪70年代初期，这项技术的产生改变了传统的信息存储、传输、管理和使用方式。光盘存储具有密度高、容量大、随机存取、保存寿命长、工作稳定可靠和轻便易携带等一系列优点，特别适合同时存储声音、文字、图形和图像等多种媒体信息。光盘可以按以下两种不同的方法分类。

1. 按读写类型分类

按读写类型可将光盘分为只读（Read Only Memory，ROM）光盘、可记录式（Recordable，R）光盘以及可擦写式（Rewritable，RW）光盘。

（1）只读光盘

只读光盘在生产时，就将数据写入盘内，用户只能读取而不能写入信息。它主要用来保存数字化资料，如各种游戏、软件等。

（2）可记录式光盘

可记录式光盘只允许用户一次写入，但可多次读出。写入后的文件不能更改与删除，这对文件保存具有较高的安全性。

（3）可擦写式光盘

可擦写式光盘允许用户多次进行文件写入，也允许将文件从光盘中更改与删除。这种光盘通常可进行1000次左右的重复擦写。

2. 按记录数据时使用的激光分类

按照记录数据时所使用激光的波长不同，光盘又可分为CD（Compact Disc，光盘或小型镭射盘）系列、DVD（Digital Video Disk，数字化通用磁盘）系列、HD-DVD（High Definition DVD，高清晰度DVD）系列及BD（Blu-ray Disc，蓝光DVD）系列。

激光波长越短，在单位面积上记录数据就越多。CD所使用的波长为780nm；DVD为650nm的红色激光；HD－DVD和DB为405nm的蓝色激光。

将上述两种分类组合在一起，光盘可分为CD-ROM、CD-R、CD-RW、DVD-ROM、DVD-R、DVD-RW、HD-DVD-ROM、HD-DVD-R、HD-DVD-RW、BD-ROM、BD-R、BD-RW系列。

3.2.2　光盘的结构

各种光盘在结构上略有区别，但主要结构及原理基本一致，现介绍CD-R光盘的结构。

1. CD-R光盘的外部结构

从外观上看，CD-R是一张厚为1.2mm、直径为120mm的圆盘，中间有个直径15mm的圆孔，圆孔周围是13.5mm宽且无任何数据的环状区域，此区域的外部是38mm宽且存放数据的环状区域，盘的最外侧是一圈1mm宽的无数据区域。

2. CD-R光盘的内部结构

CD-R包括基板、记录层、反射层、保护层和印刷层，它的剖面如图3-7所示。

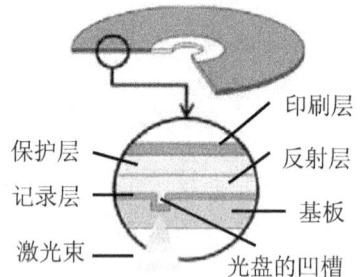

图 3-7　CD-R 光盘结构图

（1）CD-R的基板

CD-R的基板是光盘和其他各层的载体，通常由冲击韧性好、使用温度大、尺寸稳定性好且无毒的聚碳酸酯制成，光盘光滑一面的最外一层就是基板。

（2）CD-R的记录层

CD-R的记录层为一层薄薄的镀在基板上的有机染料，用来记录数据信息。

（3）CD-R的反射层

CD-R的反射层由抗腐蚀的金膜制成，用来反射激光光束，光驱通过接收这些反射激光光束来读取光盘中的数据。

（4）CD-R的保护层

CD-R的保护层大多数由光固化丙烯酸类物质所制成，用来保护光盘中的反射层，以防止光盘中的数据被破坏。

（5）CD-R的印刷层

CD-R的印刷层用于印刷盘片的标识、容量等相关信息，同时对光盘还起到一定的保护作用。

3.2.3　光盘驱动器的分类

光盘驱动器是计算机存取光盘数据的设备。光驱分类原则与光盘分类原则相同，按照光驱读写数据的类型分为只读光驱和刻录光驱（刻录机）。按照读写时使用激光类型的不同，又可分为CD、DVD和DB光驱。下面将介绍它们的特点及兼容性。

1. 只读光驱

只读光驱有CD-ROM、DVD-ROM和BD-ROM这3种，它们是读取光盘的设备。需要注意的是，这种光驱只能读而不能写，且具有向下兼容性。

2. 刻录光驱

刻录光驱有CD-R、DVD-R和BD-R这3种，它们既能读出光盘中的数据，又能向光盘写入数据，且具有向下兼容性。

3. 康宝光驱

康宝是英文COMBO的中文发音，即"结合物"的含义。康宝驱动器是把CD-R和DVD-ROM光驱结合在一起的"复合型一体化"驱动器。它能读CD和DVD盘，只能写CD光盘。

现在将康宝技术应用在BD光驱中，即BD康宝，支持蓝光光盘的读取，同时支持CD、DVD光盘的读取和刻录，是计算机用户目前观看蓝光电影比较理想的折中选择。

3.2.4　光盘驱动器的结构

在结构上，CD、DVD和BD光驱基本相同。本节以目前使用较多的DVD光驱为例介绍光驱的外部和内部结构。

1. 光驱的外部结构

光驱外部结构主要由产品标签、控制面板和后面的数据接口组成。

（1）产品标签

产品标签用来标识光驱的品牌、型号、产地、产品系列号等信息。

（2）控制面板

控制面板由指示灯、紧急出盒孔和打开/关闭按键组成，如图3-8所示。指示灯用于显示光驱的运行状态；紧急出盒孔在断电或其他非正常状态下，按下可以打开光盘托架，取出或放入光盘；打开/关闭按键用来控制光盘进/出舱和停止光盘播放。

图3-8　光驱的控制面板

（3）接口

光驱的接口主要有SATA和IDE接口，位于光驱背面，如图3-9所示。

图3-9 DVD光驱的SATA接口

蓝光光驱的控制面板与DVD光驱基本相同，面板上多了一个蓝光标识，如图3-10所示，后面接口也是相同的。

图3-10 蓝光标识

2. 光驱的内部结构

光驱内部主要由激光头组件、机械驱动部分和电路板等组成，如图3-11所示。

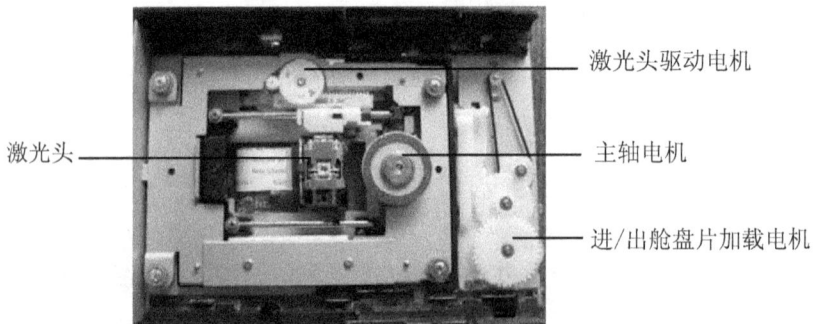

图3-11 光驱内部结构

激光头是光驱内部读取和写入数据的重要部件，主要由半导体激光器、半透棱镜/准直透镜、光电检测器和驱动器等部件构成。机械驱动部分主要由3个电机组成，一个是控制光盘进/出舱的盘片加载电机，完成光盘进舱和出舱的任务；另一个是控制激光头沿光盘半径方向做径向运动的激光头驱动电机，完成快速读取光盘数据的任务；最后一个是主轴电机，完成光盘高速旋转任务。

3.2.5 光盘的工作原理

只读光盘、可记录式光盘以及可擦写式光盘的读取原理基本相同，但三者的写入原理不完全相同，现介绍可刻录式光盘的工作原理。

可记录式光盘指出厂时盘里没有任何数据信息的空盘。数据由用户用刻录机向空盘的记录层写入。光盘刻录时，激光照射到记录层，其上感光染料的颜色将发生改变，由此形成具有不同颜色的点阵，用此点阵来记录数据信息。改变颜色后的感光材料无法复原，因此可记录式光盘只能写入一次。当从可记录式光盘读取数据时，激光照射变色的点阵。由于变色点阵对激光的反射不同，从而读出存储在其中的数据1或0，并且这样的读取可以进行多次。

3.2.6 光盘驱动器的性能指标与选购技巧

不论是哪种类型的光盘驱动器，衡量其性能指标的主要参数有数据传输速率、平均寻道时间、CPU占用时间、数据缓冲区及接口类型等。

1. 光驱的性能指标

（1）数据传输速率（Data Transfer Rate）

数据传输速率指光驱在1s内所能读取的最大数据量，是衡量光驱性能的最基本指标，单位用倍速表示。最早具有150KB/s传输速率的CD-ROM光驱称为1X（单倍速）光驱，此后光驱的速度都是1X的倍数，如2X和4X的CD-ROM光驱数据传输速率分别为300KB/s和600KB/s。DVD和BD光驱的1X分别为1358KB/s和4995KB/s，目前最高倍速的DVD和BD分别为24X和16X。

（2）平均寻道时间（Average Seek Time）

平均寻道时间指激光头从原来位置移到新位置并开始读取数据所花费的平均时间。平均寻道时间越短，光驱的性能就越好。

（3）CPU占用时间（CPU Loading）

CPU占用时间指光驱在维持一定的转速和数据传输速率时所占用CPU的时间，它也是衡量光驱性能好坏的一个重要指标。CPU占用时间越少，其整体性能就越好。

（4）数据缓冲区（Buffer）

数据缓冲区是光驱内部的存储区。它能减少读盘次数，提高数据传输速率。现在主流光驱大多采用512KB、1MB、2MB、4MB、8MB的缓冲区。

（5）接口类型

目前，光驱的接口类型主要有SATA、IDE、SCSI和USB。SCSI接口光驱，具有更好的稳定性和数据传输速率，且其CPU占用率比较低，但是必须通过SCSI卡才能连接和安装，使用不方便。IDE和SATA接口的光驱可以即插即用，是目前主要使用的光驱。USB接口一般用于外置光驱。

2. 光驱的选购技巧

DVD-ROM和DVD-R光驱是当前普遍使用的光驱。在选购光驱时，除了考虑上面介绍的性能指标外，还应考虑如下几个方面的问题。

（1）良好的品牌

一个好的信得过的品牌其质量和售后服务都能得到较好的保障。目前市场上常见的品牌有索尼、华硕、创新、日立、东芝、先锋、三星和LG等。

（2）纠错能力

纠错能力强的光驱，可以实现对不同品牌、不同品质刻录盘的优化和兼容，保障高品质刻录。

（3）稳定性

全钢机芯的光驱比塑料机芯的光驱使用寿命长，即便在长时高温、高湿的情况下工作，光驱的性能也能保持恒久如一。

（4）光驱噪声及震动控制

质量好的光驱通常有静音设计，用户应选购有噪声控制及减震技术的光驱。

3.3 移动存储器

移动存储器是将数据可以随身携带的外部存储设备，它具有容量大、携带方便等特点而被广泛使用。目前，计算机的外部移动存储器主要包括移动硬盘和U盘。

3.3.1 移动硬盘

移动硬盘是电子设备之间进行大量数据交换、便于携带的中间存储设备，如图3-12所示。它的生产技术、性能指标与普通的机器硬盘相同。在这节仅简单介绍移动硬盘的分类与选购技巧。

图3-12　移动硬盘外观

1. 移动硬盘的分类

移动硬盘的外置接口指移动硬盘与计算机系统连接的部件，决定着硬盘与系统的连接性能和数据传输速率。按照外置接口的类型，移动硬盘可分为USB接口、IEEE 1394接口和ESATA（External Serial ATA，外部串行ATA）接口等几种类型的移动硬盘。

（1）USB接口的移动硬盘

USB接口的移动硬盘是主要使用的硬盘，接口具有传输速率快、使用方便、支持热插拔、连接灵活和独立供电等优点。USB接口的外部形状有两种类型，如图3-13所示。USB 1.1、USB 2.0和USB 3.0这3种标准接口的移动硬盘的最大数据传输速率分别为12Mb/s、480Mb/s和5Gb/s，目前主流移动硬盘最常用的接口为USB 2.0。

图3-13　USB接口的移动硬盘

（2）IEEE 1394接口

移动硬盘的IEEE 1394接口（又称火线接口，Fire Wire）具有传输速率快、价格便宜、开放式标准、支持热拔插等优点，如图3-14所示。IEEE 1394两种标准接口的移动硬盘与计算机之间的数据传输速率分别为400Mb/s和800Mb/s。目前，数码摄像机和部分笔记本计算机都配有该接口。

（3）ESATA接口

ESATA接口指移动硬盘外部串行接口，它与SATA的性能完全相同，同时更适合多次反复插拔。ESATA接口移动硬盘具有结构简单、支持热插拔、数据传输可靠性高和最大数据传输速率为3Gb/s等特点，如图3-15所示。

除了上面介绍的接口类型之外，近两年还出现了一个新的Thunderbolt（雷电）接口技术，其数据传输速率最高达10Gb/s。目前已出现带Thunderbolt接口的移动硬盘，速度可以达到800MB/s，苹果MacBook Pro笔记本计算机配有该接口，如图3-16所示。

图3-14　IEEE 1394接口的移动硬盘　　图3-15　ESATA接口的移动硬盘　　图3-16　Thunderbolt接口

2. 移动硬盘的选购技巧

选购移动硬盘时，首先要选择接口类型，目前主流的接口类型是USB 2.0。除此之外，还需要考虑容量大小和尺寸规格。

（1）硬盘容量

移动硬盘的容量每年都会翻倍的增大，要尽量选择大容量的移动硬盘。目前硬盘容量大小有320GB、500GB、640GB、1TB、2TB、4TB等。

（2）尺寸规格

按照尺寸规格，移动硬盘可分为3.5in、2.5in和1.8in这3种。3.5in移动硬盘性能优良，但体积较大；1.8in移动硬盘体积较小，便于携带，但价格昂贵；2.5in在价格和便携性之间取得较好平衡，因此成为移动硬盘的主流产品。

3.3.2　U盘

1. U盘简介

U盘（USB Flash Drive，USB接口的闪存盘）采用闪存技术来存储数据，通过USB接口和计算机进行数据交换，因此它也被称为USB盘或闪存盘。

U盘是一种存储容量大且价格便宜的小型移动存储设备，仅有大拇指般大小，重量也仅在15g左右。U盘的最大优点是小巧、携带方便。除此之外，U盘是闪存盘，里面没有任何机械式装置，所以具有较强的抗震性、防潮防磁性、耐高低温特性等，安全可靠性非常好。

2. U盘分类

（1）按照功能分类

按照功能U盘分为启动型、杀毒型和加密型3种。这3种功能可以任意重叠，也就是说一个普通U盘可以制成启动盘，同时它也可以成为加密型和杀毒型U盘。

启动型U盘指安装了启动系统的U盘，具有作为系统盘来启动计算机的功能。只要把启动型U盘插入计算机的USB口，并在开机时在BIOS里设置先进入U盘（前提是计算机的主板中的BIOS支持USB启动），则可在U盘中启动计算机。

杀毒型U盘指安装杀毒软件的U盘。使用杀毒型U盘可以对没有安装杀毒软件的计算机进行病毒的查杀，也可以防止U盘和计算机之间的病毒相互传染。把U盘上的杀毒软件设置成自动升级，能够提高该类U盘的实时杀毒能力。

加密型U盘通常分为普通口令认证型、软件加密型和硬件加密型3种类型。

- 普通口令认证型U盘仅对扇区的访问进行保护处理，通过修改文件头信息来达到加密目的。因为数据本身没有经过加密，这种加密方式形同虚设，在网上有很多破解工具，瞬间就可以破解。
- 软件加密型U盘是利用加密软件对数据本身进行加密后再存储到U盘中。用户可以几秒内加密U盘里面的全部或部分文件和文件夹，任何人无法看到或使用U盘中加密的文件和文件夹。由于加密过程在计算机端完成，仍然存在一定被截获的安全隐患。大部分的U盘加密是采用软件加密的方法，普通U盘可以利用软件加密方法保证U盘数据的安全性。
- 硬件加密是指通过U盘内部的控制芯片加密，能够实现实时加密，整个加密过程在U盘内部完成，整个加密U盘黑盒化，此方法的优点是安全级别高，但缺点是需要专门的硬件加解密芯片进行加密，硬件成本比软件加密略高。硬件加密U盘目前市面上很少，普通U盘不能实现硬件加密。

（2）按接口类型分类

按照接口类型U盘，可分为USB 2.0和USB 3.0两种。在使用时，应保证计算机的USB接口与U盘的接口类型相匹配，如果一个接口为USB 3.0的U盘与一个计算机外部的USB 2.0接口相连接，数据也只能是按照USB 2.0的速度进行传输，不能发挥出USB 3.0的高效数据传输功效。

3. U盘的选购技巧

选购U盘时，首先尽量选择大品牌产品，明确需要什么功能的U盘，是普通U盘，还是需要具备系统启动、杀毒、加密保护等功能的U盘。除此之外，还需要考虑U盘的容量，以及是否具有写保护功能和外观等。

（1）U盘容量

目前U盘容量从2GB、4GB、8GB、16GB、32GB、64GB、128GB到256GB容量大小不等，且每年都会有翻倍的增大。在选购U盘时，大容量应该是优先考虑的因素。

（2）写保护功能

注意U盘是否带有写保护功能。写保护功能开启后，可以防止数据的写入；在使用外部计算机读取数据时，可以有效防止病毒的入侵。

（3）U盘外观

如今的U盘外观创意无限，如图3-17所示。

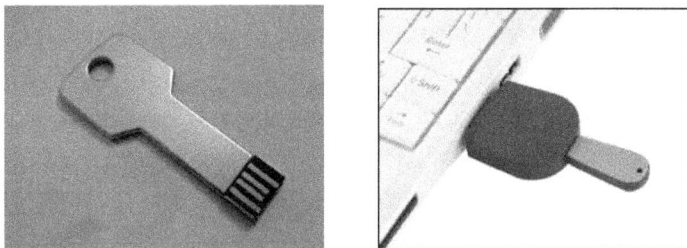

图3-17　U盘外观

在挑选时要注意U盘的做工。好的U盘一般做工细致，盖子合缝严实、较紧，USB金属接口和壳子装配紧密、不易松动；否则，使用一段时间后，不是盖子太松、易丢，就是插拔时把芯片和壳子拔开。

3.4　练习与应用

一、填空题

1. 按存储技术的不同，硬盘可以分为_____硬盘和_____硬盘。

2. 新硬盘在工作之前，需要进行_____操作。

3. _____接口的硬盘是目前比较流行的应用于个人计算机中的硬盘。

4. _____是磁盘存取数据的基本单位。

5. _____指硬盘磁头从当前位置移动到数据所在磁道需要花费的平均时间。

6. _____光盘只允许用户一次写入，但可多次读出。

7. 按照光驱读写数据的类型分为只读光驱和_____。

8. _____接口一般用于外置光驱。

9. 光驱的控制面板上_____用于显示光驱的运行状态。

10. U盘采用_____技术来存储数据。

二、简答题

1. 什么是硬盘的外部数据传输速率？什么是硬盘的内部数据传输速率？

2. 简述机械硬盘与固态硬盘的内部结构。

3. 试比较固态硬盘与机械硬盘的优/缺点。

4. 简述光盘的工作原理。

三、应用题

1. 查看自己使用的计算机，指出光驱和硬盘的接口属于哪一种类型。

2. 上网查找目前主流的机械硬盘、移动硬盘、DVD光驱的生产厂家、品牌和价格。

3. 认识硬盘。准备一个硬盘（最好是废旧的），仔细观察硬盘的正面与反面，仔细阅读说明书；观察硬盘的接口部分，识别它的接口类型；用螺丝刀将硬盘拆开，仔细观察它的内部结构，并说出它各个部分的功能是什么。

4. 举例说明各种光盘的使用环境。

第4章

计算机输入设备

计算机输入设备是向计算机提供输入数据的设备，它包含字符、图形、图像和语音输入设备。常见的字符输入设备有键盘、手写板；图形输入设备有鼠标；图像输入设备有扫描仪等；语音输入设备有麦克风。本章主要介绍键盘、鼠标、扫描仪、麦克风和手写板等相关内容。

学习要点：

- 了解键盘、鼠标的工作原理。
- 掌握不同类型键盘、鼠标、扫描仪的特点和选购技巧。

4.1 键盘

键盘（Keyboard）是计算机和各种终端设备上最常用且最重要的字符输入设备，通过键盘上的按键可以把各种命令和数据输入到计算机中。本节主要介绍键盘的结构、分类、工作原理以及选购技巧等内容。

4.1.1 键盘的结构

计算机键盘从产生发展至今经历了几十年的不断变化，但从结构来看，都包括外壳、按键和内部电路三大部分。

1. 外壳

台式计算机键盘是一个独立的输入设备，它的外壳由面板和底座组成，面板由档次不同的塑料压制而成，底座由塑料或钢板制成。外壳为了适应不同用户的需要，键盘的底部设有折叠的支撑脚，展开支撑脚可以使键盘保持一定倾斜度，不同的键盘会提供单段、双段，甚至三段的角度调整。

2. 按键

按键包括数字键、字母键、符号键、功能键和控制键等，它们通常把整个键盘分为主键盘区、编辑键区、辅助键区、功能键区和状态指示区，如图4-1所示。

功能键区   状态指示区

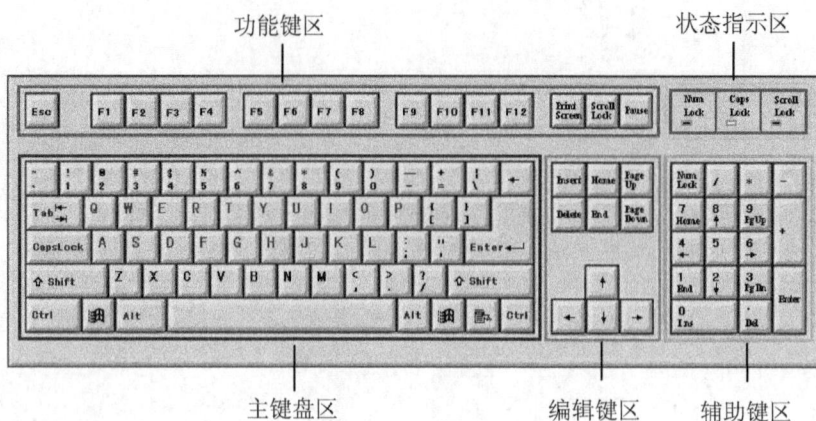

主键盘区   编辑键区   辅助键区

图4-1   键盘按键的分区

3. 内部电路

键盘电路板是整个键盘的控制核心，位于键盘的内部，主要担任按键扫描识别、编码和传输的工作。

4.1.2   键盘的分类

1. 按照结构分类

键盘按照结构可以分为机械键盘、薄膜键盘和电容键盘3种类型。

（1）机械键盘

机械键盘指机械触点式键盘，是计算机早期普遍使用的键盘。这种键盘每个按键的下面都包含一个由弹簧、支架和电路开关组成的独立机械结构，如图4-2所示。机械键盘具有使用寿命长、手感好、按键行程长和按键阻力变化快捷等优点；同时也具有价格高、体积大、功能少、造型不美观和不防水等缺点。

（2）薄膜键盘

薄膜键盘是目前最常见的一种键盘，它的结构非常简单，按键的下方由硅胶帽、薄膜电路和电路板组成，如图4-3所示。薄膜键盘具有成本低、制造工艺简单、无机械磨损、可靠性较高和外形美观等优势，因此占有绝大部分市场，例如日常生活中所使用的键盘均是薄膜键盘。

图4-2   机械键盘内部结构图

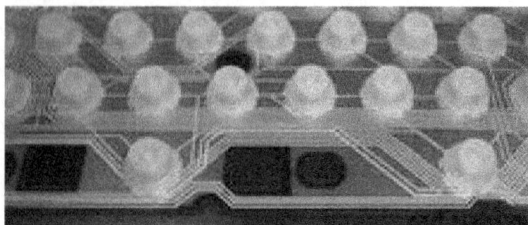

图4-3   薄膜键盘的内部结构

（3）静电电容键盘

静电电容键盘采用的设计原理非常特殊，它的内部结构既包含薄膜键盘中薄膜结构，也有机械键盘中的弹簧结构，但与前两者不同的是，它通过电容容量的变化来判断按键的开或关，整个过程无物理接触点，如图4-4所示。因此，这种键盘具有手感好、磨损更小、使用寿命更长、更稳定/迅速、全键无冲突和无比灵敏等优点，但也具有价格昂贵和工艺复杂等不足。

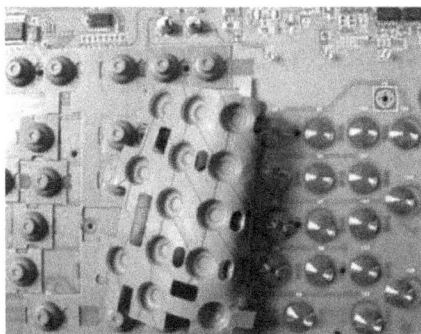

图4-4 静电电容键盘的内部结构

2. 按照外形分类

键盘按照外形可分为普通标准键盘和人体工学键盘两类。

（1）普通标准键盘

普通标准键盘是通用的键盘，它的外形为矩形，如图4-1所示。

（2）人体工学键盘

人体工学键盘根据人体工学原理，将标准键盘上指法规定的左手键区和右手键区按照一定的角度分成左、右两个部分，并添加了手腕托盘，如图4-5所示。使用人体工学键盘，可以使操作者保持一种自然的状态，能减少操作中产生的疲劳感，有利于身体健康。

图4-5 人体工学键盘

3. 按照接口分类

键盘按照接口可分为AT接口（大口）键盘、PS/2接口（小口）键盘和USB接口键盘，如图4-6所示。

（a）PS/2接口的键盘　　　　　　　　（b）USB接口的键盘

图4-6　各种接口类型的键盘

4. 按照功能分类

键盘按照功能可分为普通键盘和多功能键盘。多功能键盘是在普通键盘的基础上增加了一些功能键，通过这些功能键可以快捷地操作计算机（如上网、调节音量大小、关闭计算机或让计算机休眠等），提高工作效率，如图4-7所示。

图4-7　多功能键盘

4.1.3　键盘的工作原理

键盘由按键组成，每个按键在计算机中都有唯一的代码。当按下某个按键时，键盘接口将该按键的二进制代码送入计算机主机中，并将按键字符显示在显示器上。当快速输入大量字符，主机来不及处理时，先将这些字符的代码送往内存的键盘缓冲区，然后再从该缓冲区中取出进行分析与处理。键盘接口电路多采用单片微处理器，由它控制整个键盘的工作，如加电时对键盘的自检、键盘扫描、按键代码的产生、发送及与主机的通信等。

4.1.4　键盘的性能指标与选购技巧

1. 键盘的性能指标

键盘的性能指标主要包括按键的布局与数量，按键的手感与做工，按键的灵敏度与耐磨性等。键盘的按键数曾出现过83键、93键、96键、101键、102键、104键、108键等。104键的键盘是在101键的键盘基础上为Windows 9x平台增加了3个快捷键。

2. 键盘的选购技巧

在选购键盘时要注意以下几个方面。

（1）按键的数量

现在选购键盘时，应该选购108键的Windows 98键盘。

（2）键盘的类型

从键盘的结构特点看，应该购买电容式键盘。

（3）接口的类型

较新的主板没有AT接口，应该购买PS/2接口的键盘或USB接口键盘。

（4）键盘的做工

好键盘的表面及棱角处理精致、细腻，键帽上的字母和符号通常采用激光刻入，手摸上去有凹凸的感觉。

此外，在选购键盘时还要注意键盘的触感、外观、键位布局及按键噪声等问题。

4.2　鼠标

鼠标（Mouse）是计算机常用的图形输入设备。在此主要介绍鼠标的分类、工作原理以及选购技巧等内容。

4.2.1　鼠标的分类

1. 按照原理分类

鼠标按照原理划分，可分为光学鼠标和机械鼠标两种。光学鼠标没有活动部件，可靠性较高，但这类鼠标使用时要一块专用的反射板。机械鼠标又可分为机电式和光电式两种，机械鼠标不需要专用的反射板，使用十分方便，在光滑的桌面上就可以使用。

2. 按照接口分类

按照接口划分，鼠标可以分为串行接口鼠标、PS/2接口鼠标和USB接口鼠标3类。其中，串行接口的鼠标已经不再使用；USB接口的鼠标是最常用的一种。PS/2和USB接口类型的鼠标如图4-8所示。

（a）PS/2接口的鼠标　　　　　　　　　　　（b）USB接口的鼠标

图4-8　PS/2和USB接口类型的鼠标

3. 按照是否有线分类

按照是否有线划分，鼠标可以分为有线鼠标和无线鼠标两类。无线鼠标有两种：一种是需要配合接收器使用，接收器插在计算机USB接口后，无线鼠标就可以使用了，如图4-9（a）所示；另一种是没有接收器的蓝牙鼠标，它要求计算机具有蓝牙功能，打开计算机的蓝牙装置，搜索到鼠标设备后连接即可使用了，这种鼠标一般比较贵，如图4-9（b）所示。

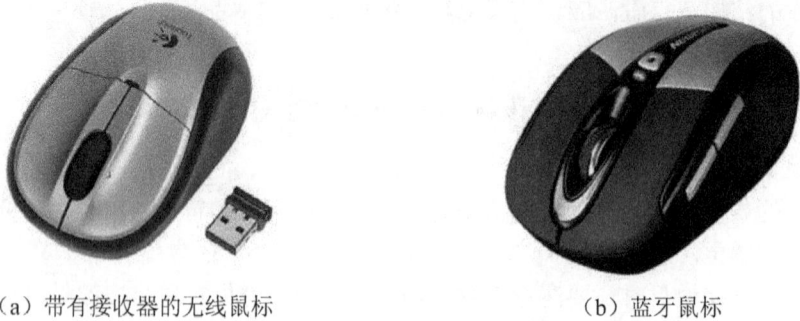

（a）带有接收器的无线鼠标　　　　　　　　　　（b）蓝牙鼠标

图4-9　无线鼠标

4. 按照按键数量分类

鼠标按照按键划分，可以分为2键、3键和多键鼠标。现在常用的是带滚轮的3键鼠标，真正意义上的3键鼠标如图4-10（a）所示；多键鼠标如图4-10（b）所示，左边这两个键用来翻页，右边还有两个键，一个用来打开"我的电脑"，另一个关闭当前的程序或窗口，滚轮后面的键可以切换程序。

（a）3键鼠标　　　　　　　　　　　　　　（b）多键鼠标

图4-10　不同键数的鼠标

4.2.2　鼠标的工作原理

不论是何种类型的鼠标，当鼠标在平面上移动时，随着移动方向和快慢的变更，会产生两个在高低电平之间不断变更的脉冲信号，CPU接收这两个脉冲信号并对其计数。根据接收到的两个脉冲信号的个数，CPU控制屏幕上的鼠标指针在横（X）轴、纵（Y）轴两个方向上移动间隔的大小和速度。脉冲信号由鼠标内的半导体光敏器件产生。

4.2.3　鼠标的性能指标与选购技巧

1. 鼠标的性能指标

鼠标的性能指标主要包括鼠标的分辨率、扫描率和响应速度等。

（1）分辨率（Dots Per Inch，DPI）

分辨率指鼠标内的解码装置所能辨认每英寸长度内的点数，是衡量鼠标移动精确度的标准。分辨率高表示光标在显示器屏幕上移动定位较准且移动速度较快。机械鼠标的DPI一般有100、200、300几种；光学鼠标则超过了400DPI，目前已经达到主流的800DPI。对于鼠标而言，分辨率越高，其精确度就越高。

（2）扫描率

扫描率指单位时间内的扫描次数。每秒内扫描的次数越多，可以比较的图像越多，相对的定位精度就越高。目前有些鼠标的扫描率已达6000次/s。

（3）响应速度

响应速度指在快速移动鼠标时，屏幕上光标能给出及时的反应。该指标越高表明鼠标光标移动更为细腻、滑顺，鼠标点击更为精准。

2．鼠标的选购技巧

在选购鼠标时，除了考虑性能指标外，还要注意以下问题。

（1）鼠标的用途

经常进行网上冲浪、电子书籍阅读和写作的用户，选择机械鼠标会比较适合；经常使用如CAD设计、三维图像处理软件等的用户，则最好选择专业光电式鼠标或者多键鼠标，这种鼠标可以带来操作的高效性；工作台上东西比较多的用户，可以选择无线鼠标。

（2）鼠标接口的类型

PS/2接口类型的鼠标是早期的鼠标，它不占用串行接口，也不与声卡、网卡等设备发生中断请求号码和中断地址的冲突，具有PS/2接口的计算机，可以选择PS/2接口类型鼠标；在USB接口较多的情况下，可以选用USB接口鼠标；在具有无线或蓝牙功能的计算机上，使用无线鼠标会带来更多的方便。

（3）鼠标手感的舒适度

鼠标手感的舒适度对手腕关节有较大的影响。设计有缺陷的鼠标，长时间使用会感到手指僵硬、手腕关节疲劳，长此以往将对手部关节和肌肉有一定损伤。一款好的鼠标应该是具有人体工程学原理设计的外形，手握时感觉舒适，按键轻松而有弹性，移动流畅。

（4）鼠标的售后服务

售后服务也是一件比较重要的事情，好的厂商提供1～3年的质量保证，而一般的厂商仅提供3个月的质保期。

4.3　扫描仪

扫描仪（Scanner）是图像信号输入设备。它对原稿进行光学扫描，然后将光学图像传送到光电转换器中变为模拟电信号，又将模拟电信号变换成为数字电信号，最后通过计算机接口送至计算机中。在此主要介绍扫描仪的分类、工作原理以及选购技巧等内容。

4.3.1 扫描仪的分类

1. 按照接口分类

扫描仪按照接口方式划分，可以分为USB、SCSI和EPP（Enhanced Parallel Port，增强的并行接口）3种。

（1）USB接口的扫描仪

USB接口的扫描仪是一种常用的扫描仪，将扫描仪和计算机的USB接口进行连接就可以使用。USB接口方式最大的优势在于传输速率快，安装比较方便，可以即插即用，带电拔插。

（2）SCSI接口的扫描仪

SCSI接口的扫描仪需要配备一块SCSI的板卡与计算机连接。早期的扫描仪大多数是SCSI接口方式，这种接口方式传输速率较快，扫描的品质也高，只是安装时需要在计算机的PCI插槽中安装一块SCSI板卡。与USB接口方式相比，安装和维护都要复杂些，需要有一定的安装维护基础。

（3）EPP接口的扫描仪

EPP接口的扫描仪是通常的打印口。和USB接口方式及SCSI接口方式相比，EPP接口方式传输速率慢，扫描的质量也比较一般，安装时要比SCSI接口方式简单、方便，只需将扫描仪连接在计算机主板的打印口上就可以了。

2. 按照工作原理分类

按照扫描仪工作原理可以分为手持式扫描仪、平板式扫描仪、胶片式扫描仪和鼓式扫描仪4种。

（1）手持式扫描仪

手持式扫描仪诞生于1987年，是当年使用比较广泛的一种扫描仪，需用手推动来完成扫描过程，分辨率在100～600DPI之间，最大扫描宽度为105mm，如图4-11所示。但由于这种扫描幅面比较窄，现在已经被淘汰。

（2）平板式扫描仪

平板式扫描仪主要用在办公领域。这类扫描仪的分辨率范围大多在300～2400DPI之间，色彩位数从24bit至48bit，扫描幅面一般是A4或A3规格，如图4-12所示。

图4-11 手持式扫描仪

图4-12 平板式扫描仪

（3）胶片式扫描仪

胶片式扫描仪主要用来扫描照片底片、幻灯片、CT片等胶片。用胶片式扫描仪扫描底片，通过附带的专业软件就能扫描出完好的照片。相对于直接照片扫描来说，精度更高，层次感好，能保留大量的细节，画面质量也更好，如图4-13所示。

（4）鼓式扫描仪

鼓式扫描仪又称滚筒式扫描仪，是目前最精密、最专业的扫描仪，是高精度彩色印刷的最好选择。在使用过程中通过采用RGB分色技术，能够捕获到原稿最细微的色彩，如图4-14所示。

图4-13 胶片式扫描仪   图4-14 鼓式扫描仪

3. 按照扫描图像方式分类

扫描仪按照扫描图像的方式划分，可以分为CCD（Charge Coupled Device，光电耦合器）扫描仪、CIS（Contact Image Sensor，接触式图像传感器）扫描仪和PMT（Photo Multiplier Tube，光电倍增管）扫描仪3种。

（1）CCD扫描仪

CCD扫描仪是使用CCD作为光电转换元件的扫描仪，主要由扫描仪成像核心的CCD元件和反光镜组组成。由于到达CCD表面的光线是经过镜片反射或透镜聚焦后的光线，所以这种光线具有一定的景深，对隆起的书脊，甚至对实物或一定范围内的3D物体进行扫描，都可以得到比较清晰的扫描效果，同时这些光学器件的加入提高了扫描仪的成本。高质量的CCD感光元件能保证在质量不变的情况下使用10 000h。目前，多数平板式扫描仪为CCD扫描仪。

（2）CIS扫描仪

CIS扫描仪是使用CIS作为光电转换元件的扫描仪。CIS感光元件本身就能完成成像任务，不需要镜片和透镜的参与，因此产品的组装非常容易，成本较低。由于CIS式扫描仪依靠直接接收反射光成像，技术含量相对较低，在扫描景深等方面表现较差，扫描的层次有些不足，对扫描摆放不平的文稿或图片显得有些力不从心，待扫描的物体必须平整地放在扫描仪上。目前，CIS扫描仪发光元件的使用寿命在500h左右，虽然CIS发光元件寿命较短，但CIS扫描头价格便宜，更换也很方便。

（3）PMT扫描仪

PMT扫描仪的感光材料主要是由金属铯的氧化物及其他一些活性金属（一般是镧系金

属）的氧化物共同构成的。这些感光材料在光线的照射下能够发射电子，经栅极加速后冲击阳电极，最后形成电流，再经过扫描仪的控制芯片进行转换，就生成了物体的图像。在所有的扫描技术中，光电倍增管是性能最为优秀的一种，其灵敏度、噪声系数、动态密度范围等关键性指标远远超过了CCD及CIS等感光器件。同样，这种感光材料几乎不受温度的影响，可以在任何环境中工作。但是这种扫描仪的成本极高，一般只用在最专业的鼓式扫描仪上。

4.3.2　扫描仪的工作原理

扫描仪的基本原理是通过传动装置驱动扫描组件，将各类文档、相片、幻灯片和底片等稿件经过一系列的光、电转换，最终形成计算机能识别的数字信号，再由控制扫描仪操作的扫描软件读出这些数据，并重新组成数字化的图像文件，供计算机存储、显示、修改、完善，以满足人们各种形式的需要。

4.3.3　扫描仪的性能指标与选购技巧

1. 扫描仪的性能指标

扫描仪扫描效果的好坏取决于扫描仪的分辨率、速度、扫描精度、色彩深度值等。

（1）分辨率

目前，市场上扫描仪的分辨率有300×600、600×1200和1200×1200（DPI）等几种。对于一般用户来说，300×600的分辨率就够用了。

（2）色彩深度值

色彩深度值是扫描仪一项重要指标，较高的色彩深度值可以保证扫描仪反映的图像色彩与实物的真实色彩尽可能的一致，而且图像色彩会更加丰富。扫描仪的色彩深度值一般有24bit、30bit、32bit、36bit、48bit等几种，分辨率为600×1200（DPI）的色彩深度值为36bit，高的有48bit等。而灰度值指进行灰度扫描时对图像由纯黑到纯白整个色彩区域进行划分的级数，编辑图像时均会使用到8bit，而主流扫描仪通常为10bit，最高可达12bit。但是对于一般用户来说，一台24bit的扫描仪已经够用；若要处理幻灯片或底片，至少要达到30bit以上，应该说大部分的廉价平板式扫描仪都有至少30bit的色彩，足够处理任何文件和图像。

2. 扫描仪的选购技巧

对扫描仪的性能指标有了一定的了解，然后结合自身需求，权衡产品的性价比，选择一台适合自己的扫描仪。

（1）扫描仪的接口

USB接口的扫描仪应该是首选，它具有传输速率快，支持热插拔，使用方便等特点，而SCSI和EPP接口扫描仪，由于连接麻烦和扫描质量不太好，不推荐选用。

（2）扫描仪的感光元件

扫描仪采用何种感光元件对扫描仪的性能影响很大。目前，扫描仪所使用的感光器件主要有光电倍增管、光电耦合器和接触式图像传感器3种。光电倍增管是一种电子管，一般只用在昂贵的专业滚筒式扫描仪上；光电耦合器是应用最广泛的感光元件；接触式图像传感器由于技术的限制，仅应用到低端扫描仪中。

（3）扫描仪的实际检测

在挑选时要对扫描仪进行实际检测，方法为扫描一张图片，如果水平线条和纵向线条都没有断裂，则说明感光元件的排列和传动部件质量都很好；然后将图片放大仔细观察、检测图像的光学分辨率；最后通过观察图像彩色部分的颜色是否丰富、有无偏色情况，黑白部分过渡是否均匀，黑、白色是否纯净来检测扫描仪的色彩和灰度。

（4）实际需要出发

在选购时应首先以自己的实际需要出发，认清技术潮流，不可盲目追求高档次与高价位，造成不必要的浪费。

4.4　麦克风

麦克风（Microphone）是语音输入设备，它将声音信号转换为电信号。在此主要介绍麦克风的分类以及选购技巧等内容。

4.4.1　麦克风的分类

1. 按照能量转换原理分类

按照能量转换原理划分，麦克风可分为电动式（动圈式、铝带式）、电容式（直流极化式）、压电式（晶体式、陶瓷式）、电磁式、碳粒式和半导体式等。大多数麦克风都是电容式麦克风，音质较好的麦克风是动圈式的，且在不同温度下的性能都十分稳定，不会受温度、振动、湿度和时间的影响，但体积较大。

2. 按照电信号传输方式分类

按照电信号的传输方式划分，麦克风可分为有线麦克风和无线麦克风。

4.4.2　麦克风的性能指标与选购技巧

1. 麦克风的性能指标

麦克风的性能指标包括指向性、灵敏度、频率范围和频率响应。

（1）指向性

指向性指对于来自不同角度声音的灵敏度，它分为全指向式、双指向式和单一指向式。

1）全指向式

全指向式对来自不同角度声音的灵敏度都相同。常用于需要收录整个环境声音的录音工程；或声源在移动时，希望能保持良好收音的情况，如演讲者在演说时所用的领夹式麦克风都属此类，但全指向式麦克风的缺点是容易收到四周环境的噪声。

2）双指向式

双指向式可接受来自麦克风前方和后方的声音，实际应用场合不多。

3）单一指向式

单一指向式对来自麦克风前方的声音有最佳的收音效果，对来自其他方向的声音则会被衰减，常见的手持式麦克风属于单一指向式麦克风。

（2）灵敏度和频率范围

灵敏度是衡量麦克风记录声音能力的一项指标，灵敏度越高，记录小声音的能力就越强。灵敏度的单位为dB（分贝），是一个负数。频率范围指记录最低音到最高音的范围，频率范围越宽，记录声音从低音到高音的范围就越广。

（3）频率响应

频率响应指麦克风接受不同频率声音时，输出信号随频率变化而放大或衰减的程度。最理想的频率响应曲线为一条水平线，代表输出信号能真实呈现原始声音的特性，但这种理想情况不容易实现。

2. 麦克风的选购技巧

在选购麦克风时，除了考虑性能指标外，还要考虑如下的问题。

（1）麦克风的种类

目前，市场上销售的麦克风主要分为两大类：一类是动圈式麦克风，其主要特点是音质好，不需要电源供给，但价格相对较高；另一类是电容式麦克风，其特点是耐用，需要1.5～3V的电源供给，音质比同价位的动圈式麦克风要差一些，但其价格相对较低。电容式麦克风的灵敏度很高，一般频率响应都比动圈式要好些。作为家用麦克风，最好选择动圈式麦克风，因为其音质比其他种类的要好一些，可以真实地再现人的声音，且不易在音量大的环境下损坏音箱中的高音。

（2）麦克风的品牌和质量

大品牌的麦克风通常外观设计美观且质量好，握在手中手感舒适，丝网罩上无毛刺，摇动咪头不松动。接入功放麦克风插孔后，打开麦克风没有"咔啦"声，按压开关没有任何杂音出现。麦克风线上应有与麦克风相一致的商标品牌。

（3）麦克风的测试

可用一台质量优越的高保真音响对麦克风进行测试。测试时，将麦克风插入音响耳机插孔，用随机的CD机或VCD机播放正版音乐带，打开麦克风开关，此时会发现麦克风图标成了一个小的扬声器图标，可以用不同的麦克风试验，选出音质最好的一个。

4.5 手写板

手写板（Writing Pad）是计算机的一种输入设备，在它的上面可以进行文字书写和绘画创作，还提供了光标定位功能。目前，手写板可以替代键盘与鼠标，成为一种独立的输入工具。本节主要介绍手写板的分类、特点以及选购技巧等内容。

4.5.1 手写板的分类

手写板主要分为电阻式压力板、电磁式感应板和电容式触控板3类。目前，电阻式压力板几乎已经被市场淘汰；电磁式感应板是目前市场的主流产品；电容式触控板是新一代产品，也是手写板的发展方向。

1. 电磁式感应板

电磁式感应板是通过为手写板下方的布线电路通电后，在一定空间范围内形成电磁场，感应带有线圈的笔尖的位置来工作。电磁式感应板分为"有压感"和"无压感"两种，其中有压感的输入板可以感应到手写笔在手写板上的力度，对于一些美工人员来说是个很好的工具，可以直接用手写板来进行绘画。这是目前最流行的手写板，但这种手写板也有一定的缺点，如对电压要求高、耗电量相对较大、抗电磁干扰较差、不能用手指直接操作且不适合在笔记本计算机上使用。

2. 电容式触控板

电容式触控板通过人体的电容来精确定位手指的X与Y坐标位置，同时根据测量到的手指与板间距离所形成电容值的变化来确定Z坐标的位置，最终完成X、Y、Z坐标值的确定。因为电容式触控板所用的手写笔无需电源供给，特别适合于便携式产品。

电容式触控板比电阻式压力板和电磁式感应板具有更好的性能。电容式触控板用手指和笔都能操作，而且手指和笔与触控板的接触几乎没有磨损，性能稳定，使用寿命长达30年。另外，整个产品主要由一块高集成度芯片的PCB印制电路板组成，元件少，产品一致性好、成品率高，降低了电容式触控板的成本。采用电容式触控技术的手写板也同样具有512级压感，达到了目前压感的最高水平，可以说电容式触控板是未来手写板发展的趋势。

4.5.2 手写板的性能指标与选购技巧

1. 手写板的性能指标

手写板有一些通用的性能指标，包括精度、面积、压感和笔的特征等。

（1）精度

精度又称分辨率，指单位长度上所分布的感应点数，精度越高、对手写的感应越灵敏，对手写板的要求也就越高。

（2）面积

面积是手写板一个很直观的指标，手写板区域越大，书写的回旋余地就越大，运笔也就更加灵活、方便，输入速度往往会更快，当然其价格也相应更高。手写板面板的尺寸有76mm×51mm、76mm×114mm、10mm×13mm和11mm×15mm几种。

（3）压感

压感是评价手写板性能的一个很重要的指标，目前主流电磁式感应板的压感已经达到512级，压感级数越高越好。早期的手写笔只有一级压感功能，现在手写板除了能检测出用户是否划过某点外，还能检测出用户划过该点时的压力有多大，以及倾斜角度是多少。有了压感能力后，用户就可以把手写笔当做画笔、水彩笔、钢笔和喷墨笔来进行书法书写、绘画或签名，远远超出了一般的写字功能。另外，在手写设备中集成语音识别功能也是一大趋势，许多厂商均已将语音识别技术整合到自己的产品中。

（4）手写笔

手写笔是手写板系统中一个很重要的部分。早期的手写笔要从手写板上输入电源，因此笔的尾部均有一根电缆与手写板相连，这种手写笔称为有线笔。较先进的手写笔在笔壳内安装有电池，还有的借助于一些特殊技术而不需要任何电源，因此无须用电缆连接手写板，这种笔称为无线笔。无线笔的优点是携带和使用方便，同时也较少故障的出现。手写笔一般还带有两个或三个按键，其功能相当于鼠标按键，这样在操作时就不用在手写笔和鼠标之间来回进行切换。

除了硬件外，手写笔的另一项核心技术是手写汉字识别软件，目前各类手写笔的识别技术都已相当成熟，识别率和识别速度也完全能够满足实际应用的要求。

2. 手写板的选购技巧

目前，市场上手写板产品价位从低到高，有很多选择。不过在购买过程中建议大家按照自己的需求及经济能力进行选择，购买过程中有以下几点应值得注意。

（1）手写板的安装

手写板的接口有USB、串口或PS/2+串口3种，为了安装方便建议购买USB接口的手写板。

（2）手写板的感应尺寸

如果手写板仅用于文字输入，则可选择小巧、感应面积稍小的产品；如果要进行绘图输入，则最好选择手写板区域较大的产品。

（3）手写板的功能

手写板除了具有手写输入和绘图功能外，还应具有鼠标的功能。

（4）手写笔的类型

手写笔有有线和无线之分，现在一些新产品通常独立制成无导线、无电池式的手写笔，还能真实地让人感受到用笔的感觉。此外，还要查看手写笔上的按键能否通过软件设成其他功能键。

（5）手写板的附加软件

手写笔通常带有附加软件，要检查附加软件的实用行、软件和手写板之间配合的协调性。

（6）售后服务

用户必须考虑售后服务，建议大家到信誉较好的商家或专卖店去购买手写板。

4.6 练习与应用

一、填空题

1. 按键包括_____、_____、_____、_____和_____等，它们通常把整个键盘分为_____、_____、_____、_____和_____。

2. 按照接口划分，鼠标可以分为_____接口、_____接口、_____接口和_____接口鼠标4类。

二、简答题

1. 简述麦克风的指向性有几种以及它们的含义。

2. 简述麦克风的灵敏度和频率范围的含义。

3. 简述手写板的性能指标以及选购时应注意的事项。

三、应用题

1. 上网查找键盘、鼠标、扫描仪、麦克风和手写板的主要生产厂家以及它们的产品型号和特点。

2. 观察日常生活中你使用或见到的键盘、鼠标、扫描仪、麦克风和手写板键盘的类型。

第5章

计算机输出设备

计算机的输出设备是计算机的终端设备,其主要作用是将计算机内部的二进制信息转换为数字、字符、图形图像和声音等人们能够识别的媒体信息。常见的输出设备有显示器、打印机、音箱和绘图仪等。

学习要点:

- 了解显示器、音箱、打印机的类型和特点。
- 掌握显卡、声卡的结构特点及其性能指标。

5.1 显卡

显卡(Video Card)全称显示接口卡(Video Interface Card),又称为显示适配器(Video Adapter)。它是计算机中图形图像的处理设备,显示器屏幕上显示的图像和数据等都需要经过显卡处理后,才能显示出来。本节主要介绍显卡的结构、分类、性能指标和选购技巧等内容。

5.1.1 独立显卡的基本结构

独立显卡由PCB基板、散热板、散热夹层、散热器和散热风扇所组成,如图5-1所示。PCB基板包括显示芯片(Graphic Processing Unit,GPU)、显存、总线接口和数据输出接口等,如图5-2所示。

1. 显示芯片

显示芯片GPU(Graphic Processing Unit,图形处理器)类似于主板的CPU,是显卡处理图形、图像的核心芯片。

2. 显存

显存是集成在显卡或主板上的一种存储芯片,作用是暂时存储GPU要处理的数据和处理完毕的数据。显存对显卡的性能影响很大,显存容量越大,所能显示的分辨率和颜色数就越高,显示效果也就越好。

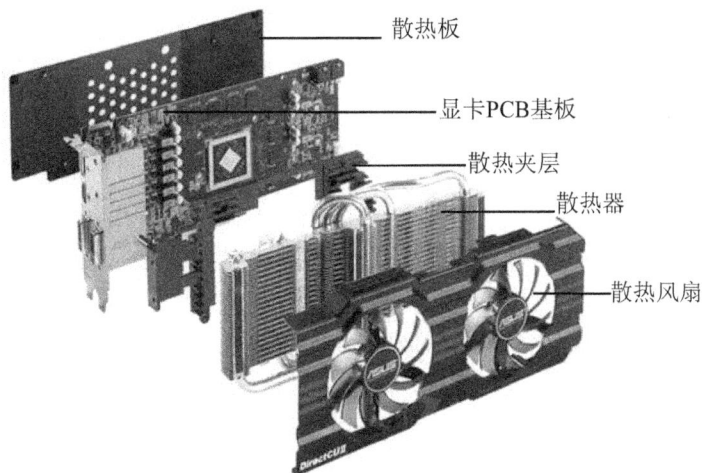

图5-1　独立显卡的结构

图5-2　独立显卡的PCB基板

3. 总线接口

总线接口是显卡接受各种图像处理信息以及与CPU等设备进行数据传输的通道。常见的显卡总线接口有AGP接口和PCI-Express接口。AGP接口是早期显卡采用的接口，目前已被淘汰。PCI-Express（简称PCI-E）接口是目前主流总线接口，采用串行传输方式，进行点对点传输，每个传输通道独享带宽，并支持双向传输模式和数据分路传输模式。

4. 数据输出接口

数据输出接口是显卡向显示器提供显示信号的通道，常见的数据输出接口包括VGA（Video Graphics Array，视频图形阵列）接口、DVI（Digital Visual Interface，数字视频接口）、HDMI（High Definition Multimedia Interface，高清晰多媒体接口）等。

（1）VGA接口

VGA接口是显卡输出模拟信号的接口，也是目前连接显示器的接口，如图5-3所示。

（2）DVI 接口

DVI接口是目前主流显卡上最常见的只能输出图像信号的接口，如图5-4所示。DVI接

口又分为DVI-I（Integrated）和DVI-D（Digital）。DVI-I
接口具有24个数字信号针脚和5个模拟信号针脚（4个针
孔和1个十字花），支持数字和模拟两种显示方式。DVI-D
接口没有模拟信号针脚，只支持数字显示方式。

图5-3　VGA 接口

（3）HDMI接口

HDMI能高品质地传输未经压缩的高清视频和多声
道音频数据，如图5-4所示。由于音频和视频信号采用同一条电缆，大大简化了系统的安装，
同时无须在信号传送前进行数/模或者模/数转换，可以保证最高质量的影音信号传送。目前
主要应用在中高端显卡中，此外也广泛应用于各种数码产品上，比如平板电视、DVD碟机、
投影仪、数码摄像机等。

（4）DP接口

DP（DisplayPort，显示端口）在传输视频信号的同时加入对高清音频信号传输的支持，
同时支持更高的分辨率和刷新率，如图5-4所示。

DVI-D接口

DVI-I接口

DP接口　HDMI接口

图5-4　数据输出接口

5.1.2　显卡的分类

显卡按是否与主板集成，可以分为独立显卡和集成显卡。

1. 独立显卡

独立显卡指将显示芯片、显存及其相关电路集成在一块电路板上而形成的独立板卡，
如图5-1所示。独立显卡具有不占用系统内存、能够得到更好显示效果和性能且易进行显卡
的硬件升级等优点；但同时也具有系统功耗有所加大、发热量也较大和需额外花费购买显
卡的资金等缺点。独立显卡需要占用主板的扩展插槽，如AGP或PCI-E。

2. 集成显卡

集成显卡将显示芯片、显存及其相关电路都制作在主板上，与主板融为一体。集成
显卡具有功耗低、发热量小和部分集成显卡的性能与入门级的独立显卡相当等优点；同
时具有显示效果与处理性能相对较弱、不能对显卡进行硬件升级和出现故障不能换新显
卡等缺点。

5.1.3 显卡的性能指标与选购技巧

1. 显卡的性能指标

在选购显卡之前，应该先了解它的主要性能参数，例如显存容量、显存位宽、显存类型、显存频率等。

（1）显存容量

显存容量决定着显存临时存储数据的多少，对显卡的性能影响较大。目前主流显卡的显存容量为512MB、1GB和2GB。

（2）显存位宽

显存位宽是显存在一个时钟周期内所能传送数据的位数，位数越大则瞬间所能传输的数据量越大，这是显存的重要参数之一。目前主流显卡的显存位宽有128bit、256bit和448bit等，习惯上称它们为128位、256位和448位显卡。

（3）显存类型和显存频率

目前主流显卡所采用的显存类型主要有GDDR3和GDDR5两种。显卡采用的显存类型不同，其显存频率也有不同。

显存频率指默认情况下，显存在显卡上工作时的频率，以MHz（兆赫兹）为单位。目前中高端显卡显存频率主要有1600MHz、1800MHz、3800MHz、4000MHz、5000MHz等，甚至更高。显存频率增大，则显存带宽就会增大。

显存带宽指GPU与显存之间的数据传输速率。显存带宽＝显存频率×显存位宽。GDDR5显存是通过采用最新的技术工艺，使得显存芯片拥有更高的频率，从而提高显存带宽，拥有较高的数据传输速率。

2. 显卡的选购技巧

在选购显卡时上述性能指标也不是越高越好，首先要按需选购，其次还要注意板卡的做工和散热器。

（1）按需选购

用户要根据自己的预算和具体应用来决定购买显卡的种类。对于用来学习、办公、上网和玩些简单游戏的用户，中低端显卡就能满足需求；对于用来玩大型游戏或专门从事图形图像处理的用户，最好选显存在1GB以上的中高端显卡。

（2）显卡的做工

如今显卡的PCB板绝大多数是4层板或6层板，层数越多越结实。在金手指处，做工精细的显卡应该打磨出斜边，这样在拔插显卡时就不容易弄坏扩展槽。

（3）优质散热器

由于显卡性能的提高，其发热量也越来越大，所以选购一块带有优质散热器的显卡十分重要。显卡散热能力的好坏直接影响到显卡工作的稳定性与超频性能的高低。

5.2 显示器

5.2.1 显示器的概述

显示器是计算机中最重要的输出设备，计算机中的文字、图片以及音频和视频文件等是由显卡处理后，经数据线传输到显示器并显示出来，它为用户和计算机进行交流提供了平台。

5.2.2 显示器的分类

显示器主要分为CRT（Cathode Ray Tube，阴极射线管）显示器和LCD（Liquid Crystal Display，液晶显示器）两种，如图5-5所示。

（a）CRT显示器　　　　　　　　　　　（b）液晶显示器

图5-5　显示器外观图

1. CRT显示器

CRT显示器是一种使用阴极射线管的显示器，具有可视角度大、无坏点、色彩还原度高、色度均匀、可调节的多分辨率模式和响应时间极短等优点，适合玩游戏、进行平面设计和3D渲染等工作者选用。

2. 液晶显示器

LCD是目前主流的显示器类型，它的主要原理是以电流刺激液晶分子产生点、线、面，再配合背部灯管构成画面。优点是机身薄、占地小和辐射小，非常适合商务办公和家庭用户使用。

5.2.3 显示器的性能指标与选购技巧

液晶显示器凭借其高清晰、高亮度、低功耗、占用空间少及影像稳定、不闪烁等优势，已逐渐取代CRT显示器。下面主要介绍液晶显示器的性能指标与选购技巧。

1. 液晶显示器的性能指标

（1）屏幕尺寸

液晶显示器的屏幕尺寸是指液晶面板的对角线尺寸。主流液晶显示器的屏幕尺寸包括19in、20in、22in和24in等，其中以20in和22in为主。

（2）最佳分辨率

液晶显示器的最佳分辨率，也是最大分辨率。在该分辨率下，液晶显示器才能显现最佳影像。

（3）典型对比度

典型对比度是最大亮度值（全白）与最小亮度值（全黑）的比值，决定了显示器的色彩还原度。一般来说，对比度越高越好。主流液晶显示器的对比度可以达到400:1、500:1、600:1或1000:1，还有一个性能指标称为动态对比度，有的显示器的动态对比度高达50000:1，这个水平反映的是对全黑画面时背光的控制水平。在性能判断时，以典型对比度为准。

（4）亮度

液晶显示器是依靠显示屏背部的灯管来辅助液晶发光的，辅助灯管的亮度决定了液晶显示器画面的亮度和色彩饱和度。不能盲目地认为高亮度的就是好产品，亮度过高反而会过度消耗灯管，降低显示器寿命。主流液晶显示器的亮度都为200～350cd/m^2（烛光/平方米）。

（5）色彩度

液晶显示器的色彩度能够直观地反映出液晶显示器的色彩还原能力，色彩度越大，色彩还原能力就越强。主流液晶显示器的色彩度有"16.2M"和"16.7M"两种色彩标准，"16.7M"的色彩还原能力更好些。

（6）响应时间

响应时间是液晶显示器各像素点对输入信号反应的速度，即液态感光物质由暗转亮或由亮转暗所需要的时间。当这个时间高于25ms时，就会出现"尾影拖曳"现象。一般来说，响应时间越短越好，主流液晶显示器的响应时间为2～5ms。

（7）可视角度

液晶显示器可视角度指在位于屏幕正方的某个角度时，可以清晰地观看屏幕图像的最大角度，主要分为水平可视角度和垂直可视角度两种。主流液晶显示器的水平可视角度和垂直可视角度一般在160°以上。

2. 显示器的选购技巧

在选购显示器时，上述性能指标都是非常重要的考虑因素。除此之外，还需要考虑以下几点。

（1）选择著名品牌的产品

液晶显示器对于技术的要求很高，建议选择著名品牌的产品，在质量、售后服务和环保等方面都可以获得可靠的保障。目前著名的品牌有优派（ViewSonic）、三星（SAMSUNG）、冠捷（AOC）、LG、宏碁（Acer）、明基（BenQ）、戴尔（DELL）、飞利浦、长城（GreatWall）等。

（2）液晶显示器的坏点

坏点指液晶面板上只显示一种颜色或不能显示某种颜色而又不能被修复的物理像素点。在选购时，要注意厂家对坏点的说明。

5.3 声卡

声卡（Sound Card）是计算机中用于实现声波与数字信号相互转换的设备，用于处理来自光盘、磁盘和话筒等音频信号，处理过的信号通过音箱或耳机等声音设备进行输出，其外观如图5-6所示。

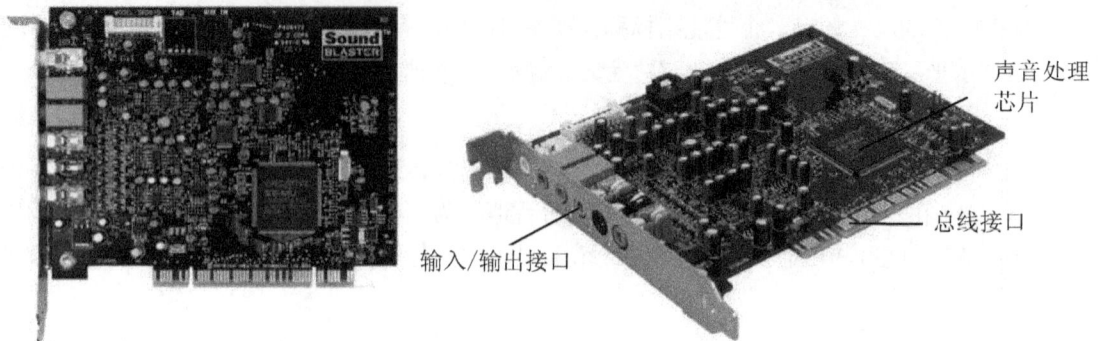

图5-6　内置独立声卡的外观

5.3.1 声卡的基本结构

声卡的主要组成部分有声音处理芯片、总线接口、输入/输出接口等。

1. 声音处理芯片

声音处理芯片与CPU和GPU一样直接决定着声卡的功能和性能。声音控制芯片的功能是把从输入设备中获取声音模拟信号，通过模数转换器，将声波信号转换成一串数字信号，采样存储到计算机中；重放时，这些数字信号送到一个数模转换器还原为模拟波形，放大后送到扬声器发声。

2. 总线接口

声卡插入到计算机主板上的那一端称为总线端口，它是声卡与计算机互相交换信息的通道。常见的声卡总线接口有PCI接口、PCI-E接口和USB接口。

（1）PCI接口

PCI接口是目前声卡接口的主流，它们拥有更好的性能及兼容性，支持即插即用，安装使用都很方便。

（2）PCI-E接口

PCI-E接口是显卡的主流接口，但在声卡领域还没有普及。PCI-E的声卡在模拟信号的输出品质上比PCI更好一些。

（3）USB接口

USB接口用于外置声卡，通过它使得声卡与计算机连接，具有使用方便、便于移动等优势。但这类产品主要应用于特殊环境，如连接笔记本实现更好的音质等。

3. 输入/输出端口

声卡的输入/输出端口是录音、放音和相关设备相连的端口。它们位于声卡与主机机箱连接的一侧，一般有4~6个插孔，不同声卡插孔的上下顺序可能有所不同，如图5-7所示。

图5-7　声卡的输入/输出接口

（1）线型输出端口（Line Out）

线型输出端口是数字音频的输出端口，用于外接音箱功放或带功放的音箱。如果有第二个线型输出端口，一般用于连接四声道以上的音箱。

（2）线型输入端口（Line In）

线型输入端口是数字音频的输入端口，通过该端口可以将外接辅助音源，如影碟机、收音机、录像机里的声音和音乐信号输入到计算机中，以文件的形式保存起来。

（3）话筒输入端口（Mic In）

话筒输入端口用于连接麦克风（话筒），可以将自己的歌声录下来实现基本的"卡拉OK功能"。

（4）扬声器输出端口（Speaker或SPK）

扬声器输出端口是用于插接外接音箱的音频线插头的端口。

（5）乐器数字接口（MIDI）

乐器数字接口及游戏摇杆接口是所有声卡均带有的接口。该类接口可以连接电子乐器上的MIDI接口，实现MIDI音乐信号的直接传输，可以配接游戏摇杆、模拟方向盘。

5.3.2　声卡的分类

按接口类型划分，声卡可分为内置独立声卡、集成声卡和外接独立声卡3种类型。

1. 内置独立声卡

独立声卡如图5-6所示。其产品差别很大，涵盖低、中、高各档次，售价从几十元至上千元不等，一般采用PCI接口。

2. 集成声卡

集成声卡指相关芯片组集成到主板上实现声卡的完整功能。它不会对计算机的总体性能产生影响，也不占用PCI接口、成本更为低廉、兼容性更好，能满足普通用户对音频的需求。集成声卡对外的输入/输出接口如图5-8所示。

3. 外接独立声卡（外置声卡）

外接独立声卡如图5-9所示。它通过USB接口与PC连接，便于移动。

图5-8　集成声卡的输入/输出接口

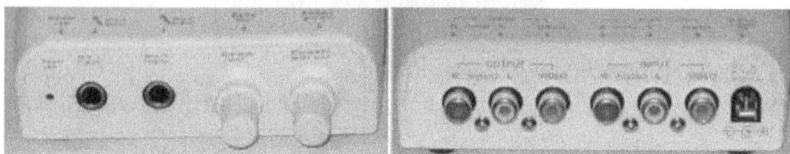

图5-9　外置声卡的前面和后面

5.3.3　声卡的性能指标与选购技巧

声卡的性能指标直接反映了产品的性能。这些指标包括采样频率、采样位数、声道数和信噪比等。

1. 声卡的性能指标

（1）采样频率

采样频率指每秒采集声音样本的数量。采样频率越高，保真度就越高。标准的采样频率有22.05kHz、44.1kHz、48kHz等，其中22.05kHz只能达到FM广播的声音品质；44.1kHz则是理论上的CD音质界限；48kHz则更加精确一些，高档声卡可以到达96kHz以上的采样频率。

（2）采样位数

采样位数是将声音从模拟信号转换为数字信号的二进制位数，声卡的采样位数客观地反映了声卡对声音信号处理的准确程度。目前普通的集成声卡和独立声卡的采样位数为16bit和24bit，高端声卡达到32bit。

（3）声道数

声道数指声卡所能支持输出的音箱数量，是衡量声卡档次的重要指标之一。声道数主要包括2.0声道、2.1声道、4.1声道、5.1声道和7.1声道。比如5.1声道的含义为5声道+超重低音声道，即可以配置5个音箱和1个低音音箱。目前比较常见的有5.1声道声卡，支持环绕立体声。声道数越多，声音的定位效果越好。

（4）信噪比

信噪比是评价声卡抑制音频噪声能力的重要指标，单位是dB。这个数值越大，音质就越纯净。声卡的信噪比为100dB左右，有的高达195dB。

2. 声卡的选购技巧

在选购声卡时要注意采样频率、采样位数、声道数和信噪比等性能指标，同时也要按需选购，其次还要注意兼容性和试听音质。

（1）按需选购

在选购声卡时，一定要明确要求。如果只是普通用户，中低端声卡足够满足需求；对于音乐发烧友或从事计算机音乐创作的用户，最好选些中高端声卡。

（2）兼容性

一种主板只能支持几种不同类型的声卡，所以在选购声卡之前，要先了解计算机主板所支持的声卡类型，避免不兼容。

（3）试听音质

在购买声卡时最好能试听实际效果，可以在静音状态下将音箱的音量调到最大，注意听是否有明显的噪声。试听时也要注意选用质量好的测试音乐，这样才不会产生效果的干扰。

5.4　音箱

音箱是计算机中常用的音频输出设备，经过声卡处理过的声音需要通过音箱进行输出。声卡和音箱的关系就像显卡和显示器的关系一样，只不过处理并输出的不是一个图像，而是一个声音，普通音箱外观如图5-10所示。

图5-10　普通音箱外观

5.4.1　音箱的分类

音箱可以按照不同的方式进行分类。

1. 按音箱声道数分类

声道指有独立放大单元和扬声器构成的音频输出通路，音箱的声道数越多，能够听到的声音也就更真实。

目前主流的音箱采用的声道数同声卡相同，主要包括2.0声道、2.1声道、4.1声道、5.1声道和7.1声道等几种。例如，5.1声道的音箱有5个音箱和1个低音音箱，如图5-11所示。

图5-11　5.1声道音箱

2. 按音箱箱体材质分类

按音箱箱体材质不同，音箱可以分为木质、塑料和金属材质的3种音箱。

（1）木质箱体音箱

木质箱体音箱通常还分为实木材料、中纤板和粘合板3种。实木材料的音箱是木质材料中音质最好的音箱；粘合板是最差的音箱；市场上大部分品牌音箱使用的是中纤板。木质材质的音箱具有共振较小和音质相对好等优点，但也具有工艺较复杂，怕水怕潮等缺点。

（2）塑料材质音箱

塑料材质的音箱具有造价低、易成型和可加工成任意形状等优点，但也具有音质相对较差等缺点。

（3）金属材质的音箱

金属材质的音箱具有易成型和外观华丽的优点，它只适合做中、高音音箱的箱体，不能做低频音箱。

3. 按照是否可便携分类

按照是否可便携分类，可以分为桌面式音箱和便携式音箱。桌面式音箱如图5-11所示，便携式音箱如图5-12所示。

图5-12　便携式音箱

5.4.2　音箱的选购技巧

音箱的种类繁多，在选购音箱时，主要应注意以下几点。

1. 音箱材质

木质音箱的音质效果最好，但外形不够美观，价格也高；塑料音箱的音质不如木质音箱，但外形多样美观，造价较低。

2. 声卡匹配

购买音箱时，一定要使音箱的声道数与计算机声卡的声道数相匹配。如计算机的声卡是5.1声道的，那么一定要配置5.1声道的音箱。

3. 试听音质

选用质量好的测试音乐，来试听音箱的音质。

5.5 打印机

打印机是计算机常用的输出设备之一，主要用来将计算机中的文档、图片等打印到相关的介质上。

5.5.1 打印机的分类

常见的打印机包括喷墨打印机、激光打印机和针式打印机。

1. 喷墨打印机

喷墨打印机是目前最常见的一种打印设备，如图5-13所示。它通过喷墨头喷出的墨水来进行打印。喷墨打印机的结构简单，采用的墨盒便宜，非常适合家庭用户使用。

根据产品的用途，可以分为普通型、数码照片型和便携式等几种。

2. 激光打印机

激光打印机是通过激光束配合硒鼓进行打印的打印设备，具有打印速度快、打印品质佳和工作噪声小等特点，如图5-14所示。

图5-13　喷墨打印机

图5-14　激光打印机

激光打印机根据打印的色彩数可以分为黑白和彩色两种，其中黑白激光打印机适合打印文件；彩色激光打印机的打印色彩更逼真，可用于打印数码照片。

3. 针式打印机

针式打印机是通过打印头中的24根针击打复写纸而形成字体的打印设备，具有一次打印多联纸的特点，如图5-15所示。如在医院和超市的收费窗口、银行和邮局的服务窗口使用的都是针式打印机。

图5-15　针式打印机

5.5.2　打印机的选购技巧

在选购打印机时，应该从用户需求、耗材费用、打印质量以及品牌等方面入手。

1. 用户需求

在选择打印机时，应该根据用户的实际需求来进行选择。对于普通家庭来说，由于打印量比较少，可以选择喷墨打印机，价格比较便宜。对于公司和政府等办公单位由于日常打印量较大，并且要求的打印质量较高，建议选择激光打印机，可以在保证打印质量的同时又降低了打印成本。对于需要同时打印几联单据的单位或个人，就需要选择针式打印机，因为只有通过针式打印机才能快速完成各项单据的复写。

2. 耗材费用

平时打印机工作中还需要用到打印纸。除了打印纸外，激光打印机的耗材主要是硒鼓，一般一个硒鼓可以打印2000～3000页A4纸，价格从400元到几千元不等。喷墨打印机的耗材是墨盒，一个墨盒可以打印200页A4纸，价格从70元到200元不等。针式打印机的耗材主要是色带，一个质量好的色带能打印300万字符以上，价格为几十元。

3. 打印质量

打印机的打印质量主要由打印分辨率来决定，打印分辨率越高，打印质量就越好。打印机分辨率又称为输出分辨率，是指在打印输出时横向和纵向两个方向上每英寸最多能够打印的点数，通常以dpi（dot per inch，每英寸点数）表示。300dpi是人眼能分辨打印文本与图像的边缘是否有锯齿的临界点，再考虑到纸张质量等因素，一般打印机的分辨率应在300dpi以上。如果需要打印照片，则应选择支持720dpi的打印机。

4. 品牌产品

目前主流的打印机品牌包括惠普（HP）、佳能（Canon）、爱普生（Epson）、联想（Lenovo）等。

5.6 练习与应用

一、填空题

1. 显卡是计算机中_____设备，显示器屏幕上显示的图像和数据等都需要经过_____处理后，才能显示出来。

2. 独立显卡由_____、_____、_____、_____和_____构成。

3. 显卡的常见数据输出接口有_____、_____、_____和_____。

4. 声卡是计算机中用于_____设备。

5. 声卡常见的输入/输出端口有_____、_____、_____、_____和_____。

二、简答题

1. 常见的输出设备有哪些？它们的特点是什么？

2. 简述声卡和音箱的声道数对音质的影响以及声卡与音箱声道数的对应关系。

3. 总结日常生活中使用3种不同类型打印机的场所。

三、应用题

1. 查看自己所使用计算机的显卡和声卡的类型。

2. 上网查找显卡和网卡的主要生产厂家以及它们生产的产品名称和型号。

3. 上网查找液晶显示器坏点的类型有哪些以及判断坏点的方法。

第6章

计算机网络设备

计算机网络设备是将计算机连接到网络中的物理实体，通常包括传输介质、计算机网卡、交换机和路由器等。本章主要介绍计算机与网络之间连接所需要的设备以及这些设备的作用、分类、性能指标及选购技巧等内容。

学习要点：

- 了解交换机、路由器的应用范围和选购技巧。
- 掌握网卡的结构、性能和选购技巧。

6.1 传输介质

传输介质是计算机网络中网络设备之间进行信号传输的载体。本节主要介绍传输介质的类型、性能指标及选购技巧等内容。

6.1.1 传输介质的分类

传输介质分为有线传输介质和无线传输介质两大类。有线传输介质主要包含双绞线、同轴电缆和光纤；无线传输介质主要为无线电磁波。

1. 有线传输介质

（1）双绞线

双绞线是局域网络中进行数据传输的介质，既可以传输模拟信号，也可以传输数字信号。双绞线分为非屏蔽双绞线（Unshielded Twisted Pair，UTP）和屏蔽双绞线（Shielded Twisted Pair，STP）两种。

1）非屏蔽双绞线

非屏蔽双绞线也称为网线，最外层由绝缘材料包裹，里层由每两根相互缠绕且彼此绝缘的铜线组成，如图6-1（a）所示。网线分1～6类和超5类7种类型，并在外层保护材料上用"cat1"～"cat6"和"cat5-e"分别表示它们的类型。由于1类～4类网线数据传输频率比较低，所以在计算机网络中通常不被使用。超5类是计算机网络中广泛使用的网线，其数据传输速率为100Mb/s，最长传输距离为100m。现在6类网线也开始使用。在使用网线时需要在两端各自安装一个称为水晶头的RJ-45插头，如图6-1（b）所示；水晶头上的塑料弹片可以防止RJ-45插头沿固定方向插入插槽后而脱落，安装水晶头后的网线如图6-1（c）所示。

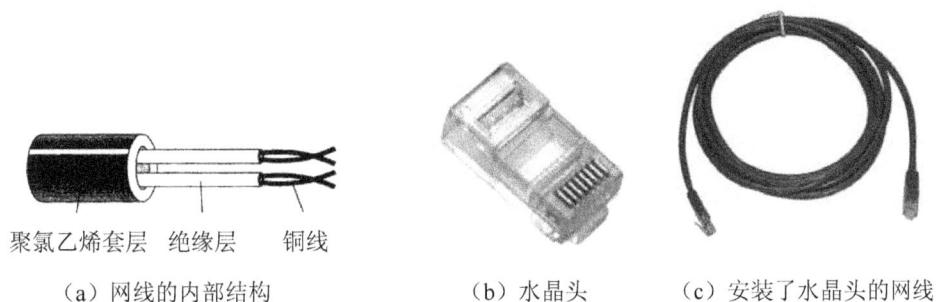

聚氯乙烯套层　绝缘层　　铜线

（a）网线的内部结构　　　　　　（b）水晶头　　　（c）安装了水晶头的网线

图6-1　网线和水晶头

2）屏蔽双绞线

屏蔽双绞线指每条线都有各自屏蔽层的双绞线，如图6-2所示。屏蔽双绞线的外层由铝箔包裹，用来减小电磁辐射，里层为铜线线对。屏蔽双绞线通常在高效信息传输或干扰比较大的网络环境中得到应用。

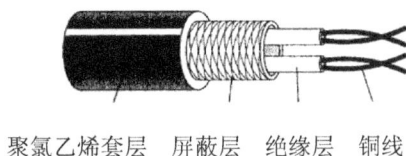

聚氯乙烯套层　屏蔽层　绝缘层　铜线

图6-2　屏蔽双绞线

（2）光纤

光纤的完整名称称为光导纤维，用纯石英以特别的工艺拉成细丝，其直径比头发丝还要细。光纤的外面是一层玻璃称为包层，在包层外面是一层塑料网状的高级聚合纤维，以保护内部的中心线，还有一层塑料封套覆盖在最外面。光束在玻璃纤维内以全反射的形式传输，信号不受电磁的干扰，传输稳定。具有性能可靠，质量高，速度快，线路损耗低、传输距离远等特点。光纤既能传输数字信号，也能传输模拟信号。光纤适于对传输介质要求很高的网络应用，例如可靠、高速、长距离传送数据等。图6-3所示为各种光纤接口。

图6-3　各种光纤接口

（3）同轴电缆

同轴电缆是早期局域网络使用的传输介质，现在已经被双绞线所取代。

2．无线传输介质

无线传输介质指无线局域网传输信号的介质，主要包括微波、卫星和红外线等，其主要特点如下。

第一，综合成本低，性能更稳定。在许多情况下，用户往往由于受到地理环境的限制，例如室外距离较远及已装修好的场合，或是山地、港口和开阔地等特殊地理环境，采用有线的施工周期将很长，甚至根本无法实现。这时，采用无线传输介质具有安装周期短、迅速收回成本的优点。

第二，组网灵活，可扩展性好。不需要为新建传输铺设网络、增加设备，轻而易举地实现无线通信。

第三，维护费用低。没有线缆的维护费用，只需维护和无线传输有关的传输设备即可。

目前，无线传输介质被广泛使用，使得便携计算机用户能够轻松地无线连接网络。

6.1.2 传输介质的性能指标与选购技巧

在现代局域网中，双绞线为使用最为广泛的传输介质。下面主要介绍双绞线的性能指标及选购技巧。

1．双绞线的性能指标

双绞线常见的有3类线、4类线、5类线和超5类线，以及最新的6类线。

（1）3类线

3类线电缆的传输频率16MHz，用于语音传输及最高传输速率为10Mb/s的数据传输。

（2）4类线

4类线电缆的传输频率为20MHz，用于语音传输和最高传输速率16Mb/s的数据传输。

（3）5类线

5类线电缆增加了绕线密度，外套一种高质量的绝缘材料，传输速率为100MHz，用于语音传输和最高传输速率为10Mb/s的数据传输。这是最常用的以太网电缆。

（4）超5类线

超5类线具有衰减小，串扰少，并且具有更高的衰减与串扰的比值和信噪比、更小的时延误差，性能得到很大提高。超5类线主要用于吉位以太网（1000Mb/s）。

（5）6类线

6类线电缆的传输频率为1～250MHz，它提供2倍于超5类的带宽。6类布线的传输性能远远高于超5类标准，最适用于传输速率高于1Gb/s的应用。

2．双绞线的选购技巧

在选购网线时，除了测试上面介绍的性能指标外，还应考虑以下几个方面的问题。

（1）选用的材质

通过观察网线的外观，可以判断网线的质量。采用进口PVC材料作为外层绝缘材料的网线，具有颜色鲜亮光滑、质地柔软细腻、一定的阻燃能力和无刺鼻异味等特点。

（2）线芯的直径

线芯直径的尺寸直接影响到网线的质量。超5类和6类网线线芯直径分别为0.5mm和0.57mm。如果网线直径尺寸不足，则为劣质网线。

（3）网线的弯曲度

网线的弯曲度影响网络布线的情况，因此弯曲度越大的网线质量越好。

（4）外层的标注

外层保护胶皮上印有标准、产品类别和线长等的标注也能反映出网线的质量。

6.2　网卡

网卡（Network Card）全称为网络接口卡（Network Interface Card）或网络适配器（Network Adapter），是计算机与网络之间进行数据发送和接收的网络设备。网卡都有全球唯一的由生产厂家写入网卡ROM的网络序列号，它被称为MAC（Media Access Control，介质访问控制）地址，用来识别局域网中发送和接收数据的主机地址。

6.2.1　网卡的分类

按照不同标准，可以对网卡进行不同的分类。

1．按照网卡的芯片分类

按照网卡的芯片不同，可以将网卡分为集成网卡和独立网卡。

（1）集成网卡

集成网卡是集成在计算机主板上的网络芯片，集成网卡主要占用CPU和内存资源。目前普遍使用的集成网卡的传输速率为10/100Mb/s自适应，接口一般为RJ-45，使用网线作为传输介质。

（2）独立网卡

独立网卡为独立于主板的一块网卡，有自己的主芯片，用于接收和发送数据，不会占用计算机部件的资源，并且速度较快。独立网卡可以根据用户的需要进行安装和拆卸。

2．按照总线类型分类

按照网卡的总线类型，可将网卡分为PCI总线网卡、PCI-X总线网卡和USB总线网卡。

（1）PCI总线网卡

PCI总线网卡主要应用在有线局域网络中的台式计算机上，其数据传输速率为10/100Mb/s自适应。

（2）PCI-X总线网卡

PCI-X总线网卡主要应用在有线局域网络中的服务器上，PCI-X总线I/O速度比PCI总线提高了一倍。这种网卡具有工作可靠性较高和价格相对昂贵等特点。

（3）USB总线网卡

USB总线网卡通常为外置网卡，主要通过USB接口连接在没有安装内置网卡的计算机上，如图6-4所示。它具有不占用计算机扩展槽和支持热插拔等优点。

图6-4　USB总线网卡的外部结构

3．按照网卡接口类型分类

按照网卡的接口类型，可将网卡分为RJ-45接口网卡和光纤接口网卡。

（1）RJ-45接口网卡

RJ-45接口网卡是目前应用最广泛的一种网卡，使用网线作为传输介质。PCI总线网卡和USB总线网卡都属于RJ-45接口网卡。

（2）光纤接口网卡

光纤接口的网卡主要应用于光纤以太网中，特别适合于接入信息点的距离超出5类线接入距离（100m）的场所，可以取代目前普遍采用RJ-45接口网卡外接光电转换器的网络结构，为用户提供可靠的光纤到户和光纤到桌面的解决方案。光纤接口形式多种多样，在实际应用中一般按照光纤连接器的不同结构加以区分，用户可根据使用场合选择光纤接口参数。

6.2.2　独立网卡的结构

独立网卡由主控芯片、金手指、LED（Light Emitting Diode，发光二极管）指示灯、RJ-45接口组成，如图6-5所示。

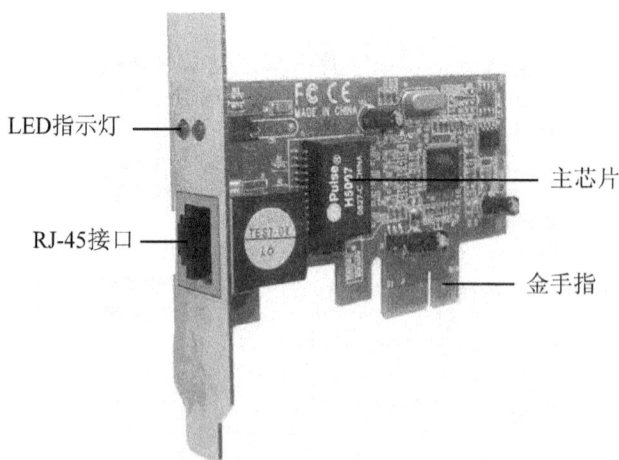

图6-5　独立网卡的结构

（1）主控芯片

网卡的主控芯片是网卡的核心元件，衡量一块网卡性能的好坏主要看这块芯片的质量。网卡的主控芯片一般采用3.3V的低耗能设计、0.35μm的芯片工艺，这使得它能快速计算流经网卡的数据，从而减轻CPU的负担。

（2）金手指

金手指是网卡与PCI插槽之间的连接部件，所有的信号都通过金手指进行传送。金手指由众多金黄色的导电触片组成，因其表面镀金且导电触片排列如手指状，所以称为"金手指"。

（3）LED指示灯

每块网卡通常都具有1个以上的LED指示灯，用来表示网卡的不同工作状态，以方便查看网卡是否工作正常。典型的LED指示灯有Link/Act、Full、Power等。Link/Act表示连接活动状态，Full表示是否全双工状态，而Power是电源指示灯。

（4）RJ-45接口

RJ-45接口是网线与网卡之间的连接部件，里面有8个铜片可以和网线中的4对线对应连接。

6.2.3　网卡的性能指标与选购技巧

1. 网卡的性能指标

（1）传输速率

传输速率是网卡的主要性能指标，它影响整个网络的传输速度。目前，网卡的传输速率有10Mb/s、10/100Mb/s、1000Mb/s，甚至10Gb/s等几种。

（2）总线类型

网卡的总线类型直接影响网卡的传输速度。PCI总线可以实现66MHz的工作频率，在64位总线宽度下可达到传输速率为533MB/s；PCI-X比PCI接口具有更快的数据传输速率（2.0版本最高可达到266MB/s的传输速率）；USB 2.0版本的最大传输速率高达480Mb/s。

（3）接口类型

常用网卡的电缆接口为RJ-45接口和光纤接口。

2. 网卡的选购技巧

（1）明确使用环境

选择网卡时，需要明确网卡的使用环境。在台式计算机上通常使用PCI总线网卡（有线局域网）或PCI总线接口无线网卡（无线局域网），在笔记本计算机上则用PCMCIA总线的网卡。

（2）保证协调一致

选购网卡时，需要考虑整个网络系统的协调与一致。网络传输的速度不仅取决于计算机本身网卡的传输速率，还取决于网络设备的传输速率。应根据计算机的带宽需求并结合物理传输介质所能提供的最大传输速率来选择网卡的传输速率。

集成网卡通常可以满足用户的需要，如果没有特殊要求，可以选择集成网卡。如果选择独立网卡，可以从传输速率、总线类型和支持即插即用等方面进行考虑。目前主流的独立网卡为PCI总线或USB总线，其传输速率为100Mb/s或10/100Mb/s自适应。

（3）考虑兼容性

在选购网卡时还应该注意网卡和其他设备的兼容性问题。应该选购兼容性好的网卡，这样可以避免与计算机中已经安装的显卡、声卡或其他设备发生冲突。

（4）选择主流品牌

选购时还要考虑价格和品牌，不同速率、不同品牌的网卡价格差别较大。现在网卡市场比较主流的品牌有3COM、Intel、D-Link和TP-Link等。选择品牌厂家的网卡可以保证质量，并且有良好的售后服务和技术支持。

6.3 交换机

交换机是将计算机通过网线组建成有线局域网的网络互连设备。它可以为接入到交换机中的任意两个计算机提供独享的电信号通路。最常见的交换机是以太网交换机。

6.3.1 交换机的分类

根据交换机应用领域的不同，通常可把交换机分为普通交换机和无线AP（Access Point，无线访问节点）。

1. 普通交换机

普通交换机（见图6-6）用于有线局域网，将计算机用双绞线连接到普通交换机即可，无需管理和配置。这种交换机在家庭及办公局域网内最常见，普通交换机接口的带宽相对较高。

2. 无线AP

AP在无线网络中的作用相当于有线局域网中的普通交换机。带有无线网卡的计算机可以通过无线AP（见图6-7）来组建成无线局域网。无线AP采用IEEE 802.11协议标准，其中主流协议为802.11g，传输速率相对较低。

图6-6 普通交换机   图6-7 无线AP

6.3.2 交换机的接口

交换机的前面板由多个RJ-45接口组成，用来连接计算机或其他交换机。面板上有若干指示灯，指示灯的亮、灭或闪烁分别反映交换机的工作状态。交换机的后面板有交换机的

配置接口，即Console（控制台）接口等。

1. RJ-45接口

RJ-45接口（见图6-8）是应用最广泛的一种接口。这种接口属于双绞线以太网接口类型，传输介质都是双绞线，外观完全一样，与之相连的是RJ-45接头，即水晶头。交换机上的RJ-45接口在交换机面板上有标注的序号，以区分不同计算机的接入，同时也便于故障诊断。

2. Console接口

Console接口为配置交换机的控制接口，它使用配置专用连线直接连接到计算机的串口，利用终端仿真程序对交换机进行配置。不同的交换机具有不同的Console接口，有的交换机采用RS-232串口作为Console接口，如图6-9所示，而有的交换机采用RJ-45接口作为Console接口。

3. 光纤接口

SC光纤接口是局域网交换机中最常用的接口类型，如图6-10所示。它比RJ-45接口看起来开关更扁，缺口更浅，且RJ-45接口里面是8条细的铜触片，而SC光纤接口里面是一根铜柱。

图6-8　RJ-45接口　　　　图6-9　Console接口　　　　图6-10　光纤类型SC接口

6.3.3　交换机的性能指标与选购技巧

1. 交换机的性能指标

（1）接口数量

目前常见的标准交换机RJ-45接口数一般有8、12、16、24、48等多种。这种交换机在局域网工作组中应用较多，适合小型网络桌面交换环境。

（2）带宽

带宽指交换机的传输速率，即交换机接口的数据交换速度。常见的带宽有10Mb/s、100Mb/s和1000Mb/s等。目前10/100Mb/s自适应或100Mb/s适用于工作组级别，部门及其以上的网络环境需要更高的带宽。

（3）背板带宽

背板带宽标志着交换机总的数据交换能力，是交换机接口和数据总线间所能吞吐的最大数据量，单位为Gb/s。一台交换机的背板带宽越高，它的数据处理能力就越强。

（4）时延

时延指的是交换机接收到数据与开始向目的接口复制数据之间的时间间隔。交换机的时延越小越好。转发技术是影响时延的一种因素，采用存储转发技术的交换机的时延与数据的大小有关，而采用直通转发技术的交换机具有固定的时延。

2. 交换机的选购技巧

交换机作为局域网的核心设备，选购时应该进行多方面的比较。

（1）使用环境

如果使用的环境是有线局域网，带宽相对较高，应选购普通的交换机；如果使用的环境是无线局域网，带宽相对较低，应选购无线AP。

（2）接口数量

对于使用在有线环境里的交换机，还应该考虑RJ-45接口的数量能够满足计算机的需求。一般应该预留一些接口，即购买的交换机的接口数量应大于实际计算机数量，以便以后进行网络扩展。

（3）性价比

选择性价比高的交换机产品。国外Cisco品牌的交换机价格相对较高，功能相对丰富，而国内知名厂商如华为等生产的交换机产品价格相对较低，功能也能够满足要求，其性价比相对较高，可以根据情况进行选购。

6.4 路由器

路由器能够将网络上的数据从一个网络转发到另一个网络，它的主要作用是网络互连。路由器支持局域网和广域网接口，实现不同网络间的通信。此外，它还具有其他网络管理功能。

6.4.1 路由器的分类

按照网络使用传输介质的不同，可以把路由器分为有线路由器和无线路由器。

1. 有线路由器

有线路由器（见图6-11）使用时，对内连接交换机为中心的局域网络，对外连接Internet。

图6-11　有线路由器

2. 无线路由器

无线路由器（见图6-12）相当于无线AP+路由器。无线路由器可以组建无线局域网，也可以组建有线和无线混合网络，并可以很方便地连接到Internet。

图6-12 无线路由器

6.4.2 路由器的接口

路由器的接口分为LAN（Local Area Network，局域网）接口、WAN（Wide Area Network，广域网）和Console接口3种类型。LAN接口用于连接局域网；WAN接口用于连接广域网；Console接口用于将计算机连接到路由器上实现管理配置。不同的路由器具有不同的Console接口。有的路由器采用RS-232串口作为Console接口，而有的路由器采用RJ-45接口作为Console接口。

6.4.3 路由器的性能指标与选购技巧

1. 路由器的性能指标

（1）接口种类

路由器能支持的接口种类，体现路由器的通用性。常见的接口种类有LAN接口、WAN接口、Console接口。

（2）用户可用槽数

路由器所支持的最大端口数。

（3）CPU

在中低端路由器中，CPU负责交换路由信息、路由表查找以及转发数据包，CPU的能力直接影响路由器的吞吐量和路由计算能力。在高端路由器中，许多工作都可以由硬件实现（专用芯片）。CPU性能并不完全反映路由器性能，路由器性能由路由器吞吐量、时延和路由计算能力等指标体现。

（4）内存

通常来说，路由器内存越大越好（不考虑价格）。但是与CPU能力类似，内存同样不直接反映路由器性能与能力。因为高效的算法与优秀的软件可能大大节约内存。

（5）端口密度

由于路由器体积不同，该指标应当折合成每英寸端口数。但是出于直观和方便，通常可以使用路由器对每种端口支持的最大数量来替代。

（6）标准的支持

802.3是IEEE针对以太网的标准，支持以太网接口的路由器必须符合802.3协议。还有

802.1Q标准，是IEEE对虚拟网的标准。

2. 路由器的选购技巧

（1）考虑使用环境

如果使用的环境是有线局域网，应选购有线路由器；如果使用的环境是无线局域网，应选购无线路由器。

（2）选择有用功能

目前路由器产品都提供很多其他功能，有些功能对于用户来说是有用的，如网站过滤、DHCP（动态主机配置协议）等，而有些功能对于一般用户来说是不需要的，如VPN（Virtual Private Network，虚拟专用网络）等。用户应根据自身的实际需要选择一定功能的路由器产品。

（3）易用性

一般家庭用户通常对路由器比较陌生，购买时应考虑路由器在安装和配置等方面的易用性，建议选择简单、易用的产品。

（4）性价比

与交换机类似，选择性价比高的路由器产品。路由器的品牌以国外的Cisco品牌和国内的华为品牌为代表，国内性价比相对较高，可以根据具体情况进行选购。

6.5 练习与应用

一、填空题

1. 传输介质分为_____和_____两大类。

2. _____是网络中最常见的一种通信介质，该介质由绝缘铜导线对组成，每两根铜线相互缠绕在一起。

3. 双绞线分为_____和_____两种。

4. _____是连接计算机与网络的硬件设备，各种传输介质必须通过它才能实现数据通信。

5. 按照网卡的芯片不同，网卡分为_____网卡和_____网卡。

6. 生产厂家写入网卡ROM中的全球唯一的网络序列号被称为_____。

7. _____能够将网络上的数据从一个网络转发到另一个网络，它的主要作用是网络互连。

8. 具有不占用计算机扩展槽和热插拔优点的网卡是_____。

9. 在外层保护材料上用cat5-e表示双绞线的类型是_____。

10. 光纤中光束在玻璃纤维内以_____的形式传输。

二、简答题

1. 选购网线时如何通过外层保护胶皮判别网线的类型？

2. 按照网卡的总线接口类型来分类，网卡可以分为几种类型？

3. 交换机上有哪些接口？都有什么作用？

三、应用题

1. 制作直通双绞线。

双绞线的制作主要分两种：直通双绞线和交叉双绞线。计算机和交换机相连的双绞线类型为直通双绞线，也是最常用的一类双绞线。

制作双绞线需要符合EIA/TIA 568A和EIA/TIA 568B标准。将水晶头有弹片的一面朝下，有铜片的一端朝向自己，从左至右，分别将线序定义为1、2、3、4、5、6、7、8。EIA/TIA 568A标准和EIA/TIA 568B标准的线序见下表。

EIA/TIA 568A标准和EIA/TIA 568B标准的线序

线序	1	2	3	4	5	6	7	8
EIA/TIA 568A标准	绿白	绿	橙白	蓝	蓝白	橙	棕白	棕
EIA/TIA 568B标准	橙白	橙	绿白	蓝	蓝白	绿	棕白	棕

制作直通双绞线时，两端都按照EIA/TIA 568B标准连接水晶头；制作交叉线时，一端按照EIA/TIA 568B标准连接水晶头，另一端按照EIA/TIA 568A标准连接水晶头。

制作时，需要准备的工具是适当长度的双绞线、若干水晶头、压线钳（见图6-13）和双绞线测试仪。下面以制作直通线为例进行介绍。

将双绞线一端放入压线钳的圆口刀中进行旋转，剥下双绞线的外层保护胶皮。将内线的各个线对绕开，按照EIA/TIA 568B标准重新排列并处理整齐。将双绞线按照线对的顺序插入水晶头底部，然后将水晶头放入压线钳方口刀中，用力握压压

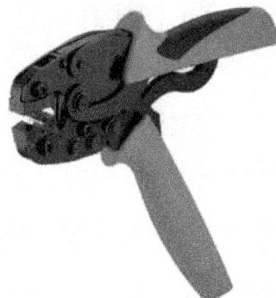

图 6-13 压线钳

线钳，让水晶头的铜片完全插入双绞线中。双绞线的另一端用上述方法进行制作，一条直通双绞线就制作完成了。为了保证双绞线制作正确，使用双绞线测试仪进行测试。

2. 上网查找交叉双绞线的相关知识。

3. 上网查找生产网卡、交换机和路由器的厂家与品牌。

第7章

计算机组装

计算机组装指将计算机需要的硬件组装成一台能够正常工作的计算机的过程。本章主要介绍组装计算机需要做的准备工作、硬件的连接方式和组装方法等内容。

学习要点：

- 了解组装计算机需要注意的事项。
- 掌握计算机组装流程以及各种硬件连接方式和组装方法。

7.1 组装计算机的准备工作

组装计算机之前需要做好准备工作。本节主要介绍组装计算机需要的工具、硬件和注意事项。

7.1.1 组装计算机需要的设备

组装计算机的设备包括工作台和使用的工具。使用的工具又可分为必备工具和辅助工具两种。

1. 工作台

工作台是摆放计算机硬件和组装计算机的工作平台，应放在距离电源插座较近的地方，以方便计算机组装完成后连接电源，测试计算机。

2. 需要的工具

组装计算机的工具包括必备工具和辅助工具。

（1）必备工具

必备工具包括螺丝刀、尖嘴钳、镊子和导热硅胶，有了这些工具才能进行计算机的组装。

1）螺丝刀

螺丝刀是拆卸和安装螺丝的专用工具。常用螺丝刀的刀口有"一"字形和"十"字形两种，用于计算机组装的螺丝刀的刀口为"十"字形。选择带有磁性刀口的螺丝刀，可以吸住螺丝，防止螺丝脱落，方便螺丝的拆卸和安装。

2）尖嘴钳

尖嘴钳是拆卸机箱上各种挡板和挡片的工具。

3）镊子

镊子主要用于夹取螺丝钉、跳线帽和一些其他小零件。

4）导热硅胶

导热硅胶是安装CPU时不可缺少的用品，将它涂抹在CPU和散热风扇之间，起到传导热量的作用，从而使得风扇能够起到更大的作用。

（2）辅助工具

组装计算机的辅助工具包括器皿、捆扎带和排型电源插座，有了这些工具可以使整个装机过程更加顺利。

1）器皿

器皿用于盛放安装或拆卸过程中的螺丝和小零件，以便随时取放和防止丢失。

2）捆扎带

捆扎带用于安装完毕后整理机箱内部的数据线，使得机箱内部既散热良好，又整洁美观。

3）排型电源插座

排型电源插座是为计算机主机和显示器提供电源的插座。

7.1.2 组装计算机需要的硬件

组装计算机需要的硬件也包括两部分，一部分为必备硬件，一部分为可选硬件。

1. 必备硬件

组装计算机的必备硬件为机箱、电源、主板、CPU、内存、显卡、声卡、网卡、硬盘、光驱、显示器、键盘、鼠标。

2. 可选硬件

可选硬件包括音箱、打印机、扫描仪、交换机等配件。

7.1.3 组装计算机需要注意的事项

在准备好组装工具和计算机配件后，还需要掌握一些注意事项，防止意外的发生。

1. 释放静电

静电对电子设备会产生极大的伤害。在静电释放的瞬间可以形成很高的电压，会击穿电子元件，造成电子设备的损坏。因此，组装计算机之前需要释放人体所带的静电。释放方法很简单，可以用手接触一下接地的导体或用水洗手。

2. 防止硬件与液体接触

多种液体都有导电能力。一旦计算机的硬件与液体接触，很容易造成短路而导致器件的损坏。因此，组装计算机时应该让饮料等液体远离工作台。

3. 使用正确的安装方法

组装计算机必须按照正确的方法来安装各种硬件，对于不懂或不熟悉的地方一定要仔细阅读说明书后再进行安装。严禁强行安装，以免用力不当造成硬件损坏。

7.2 计算机组装流程及硬件安装方法

本节主要介绍组装计算机的流程及安装各硬件的方法。

7.2.1 组装计算机的流程

虽然计算机的硬件种类和规格不尽相同，但组装计算机的流程是基本一致的，可参照下面的顺序来完成计算机的组装。

①拆卸机箱；②安装电源；③安装CPU和风扇；④安装内存；⑤安装主板；⑥安装显卡和其他扩展卡；⑦安装硬盘和光驱；⑧连接机箱内部信号线；⑨整理机箱内部线缆；⑩安装机箱侧面板；⑪连接显示器、键盘与鼠标；⑫开机测试。

7.2.2 安装各硬件的方法

1. 拆卸机箱

拆卸机箱指把机箱右侧面板的螺丝拧掉，顺着机箱卡扣的方向将右侧面板移开机箱的过程。

2. 安装电源

安装电源指把电源放在机箱内部电源固定架上的过程。首先把电源带风扇的一面与机箱后面板的电源位置对齐，然后将电源的螺丝孔与机箱上的螺丝孔一一对应，最后拧紧螺丝，如图7-1所示。

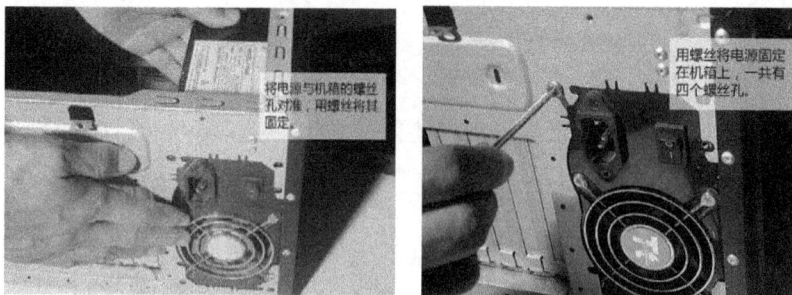

图7-1　安装电源

3. 安装CPU和电风扇

安装CPU和电风扇指把CPU安装到主板及把电风扇安装到CPU上的过程。虽然CPU的类型各不相同，但安装方法基本相似。下面以Intel CPU为例介绍安装CPU的方法。

在主板上找到CPU插座；将插座旁边的拉杆向外稍稍拉动并向上抬起呈90°夹角，抬起保护盖，如图7-2（a）和图7-2（b）所示；把CPU的防止插反缺口与CPU插座上的相应位置对应起来，如图7-3（a）所示；轻轻放入CPU，在确认操作无误之后，放下保护盖和拉杆，CPU就被安装到主板上了，如图7-3（b）所示。

（a）拉动拉杆　　　　　　　　　　　　　　　（b）抬起保护盖

图7-2　拉动拉杆和抬起保护盖

（a）CPU的防止插反缺口　　　　　　　　　　（b）安装好的CPU

图7-3　CPU防止插反缺口和安装好的CPU

在安装好的CPU保护盖上均匀地涂上一层导热硅胶，可以使CPU和风扇之间接触良好，如图7-4（a）所示；将风扇轻放在CPU上，把风扇的卡扣分别对准主板上CPU插座附近的固定孔，按压卡扣将风扇固定到CPU插座上，如图7-4（b）所示。注意不同的风扇固定方法可能不尽相同，但基本大同小异。

（a）涂抹导热硅胶　　　　　　　　　　　　　（b）安装CPU风扇

图7-4　涂抹导热硅胶和安装CPU风扇

安装完风扇后，将风扇上的电源线插头插到主板上标有CPU FAN字样的CPU风扇供电插座上，如图7-5所示。

4．安装内存

安装内存指把内存条安装到内存插槽的过程。首先找到主板上的内存插槽，将两端的白色卡扣向外扳开；然后双手捏住内存的两端，将内存条上金手指的缺口对准内存插槽的缺口，均匀用力将内存条压入插槽内；当听到"咔"的一声时，表明内存两边的卡扣已经卡住内存，此时内存已经安装完毕，如图7-6所示。如果有多于一根的内存条，用同样的方法安装在其他内存插槽内。

图7-5　插好风扇电源线

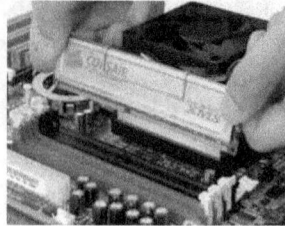

图7-6　安装内存

5．安装主板

安装主板指把主板固定到机箱内的过程。如果机箱后面挡板提供的空位与主板提供的外部接口（如鼠标/键盘PS/2接口、USB接口、网卡接口、音频接口等）直接对应，则直接安装主板；否则，需要向里将机箱挡板抽出，换上主板提供的挡板，并用螺丝刀去除I/O接口挡板上的铁片，如图7-7（a）所示。

首先找到用于在机箱上固定主板的金属螺丝柱和螺丝，观察主板螺丝孔的位置，将机箱提供的主板金属螺丝柱或塑料钉拧在机箱底板的对应位置，如图7-7（b）所示。

双手平托主板，将主板放入机箱内。放入时应先将主板的各种外部接口对准机箱后面的挡板孔位，再对准到金属螺丝柱，慢慢放入，如图7-7（c）所示。用螺丝刀拧上螺丝，固定好主板，如图7-7（d）所示。

（a）去除I/O接口挡板上的铁片

（b）金属螺丝柱固定

（c）放入主板

（d）固定主板

图7-7　安装主板

将主电源插头插在主板上的主电源插座中，如图7-8所示；将辅助电源插头插在CPU附近的插座中，辅助电源插头有4针、6针与8针的接口，如图7-9所示。

（a）主电源插头　　　　　（b）主板上的主电源插座　　　　（c）安装主电源插头

图7-8　主电源插头和插座

（a）辅助电源插头　　　　　　　　（b）4针与8针辅助电源插座

图7-9　辅助电源插头和插座

6. 安装显卡和其他扩展卡

（1）安装显卡

安装显卡指把独立显卡安装到主板上的过程。首先卸下机箱背面显卡位置处的挡板；然后找到主板上PCI-E 16X显卡插槽，将显卡的金手指缺口对准显卡插槽凸起的位置，确定好显卡的安装方向，将显卡垂直插入；最后用螺丝将显卡固定在机箱的后面挡板上，如图7-10所示。

图7-10　安装显卡

（2）安装声卡、网卡等扩展卡

安装声卡、网卡等扩展卡的方法与安装显卡的方法相似，只需要把不同的卡安装到对应的插槽中。

7. 安装硬盘和光驱

（1）安装硬盘

安装硬盘指把硬盘固定到机箱的过程。首先将硬盘放入机箱3in固定架中，在固定架两侧拧上螺丝，将硬盘固定；然后将硬盘电源线插入到硬盘的电源接口中，将硬盘数据线的一端插入硬盘数据线接口，如图7-11（a）所示；最后将硬盘数据线的另一端插入到主板相应的硬盘接口，如图7-11（b）所示。

（a）硬盘端数据线和电源线的连接　　　　（b）主板端数据线的连接

图7-11　安装SATA硬盘

（2）安装光驱

安装光驱指把光驱固定在机箱内的过程。首先把机箱5in固定架前面板的挡板从内向外取下，将光驱从外向内轻轻插入到固定架中，如图7-12（a）所示，在固定架两侧拧上螺丝，将光驱固定；然后将光驱数据线的一端插入到光驱的数据接口中，将光驱电源线插入到光驱的电源接口中，如图7-12（b）所示；最后将光驱数据线的另一端插入到主板对应的接口中，如图7-12（c）所示。注意：硬盘和光驱的数据线接口与电源线接口都有防呆设计，安装时请找准方向。

（a）插入光驱　　　　（b）光驱数据线和电源线连接　　　　（c）主板端光驱数据线连接

图7-12　安装光驱过程

8．连接机箱内部信号线

机箱内有许多信号线，只有把这些信号线正确地连到主板上后，计算机才能正常的工作，比如，可以按下机箱电源按钮启动计算机，可以按下重启按钮重新启动计算机，可以看到硬盘指示灯，可以使用USB前置接口和音频前置接口等。之所以可以进行这些操作，是因为已将机箱内部的信号线连接到主板上。下面介绍这些信号线的连接方法。

（1）连接基本机箱信号线

基本机箱信号线包括POWER SW（电源开关）信号线、RESET SW（重启开关）信号线、SPEAKER（机箱喇叭）信号线、POWER LED（电源指示灯）信号线和H.D.D. LED（硬盘指示灯）信号线，如图7-13所示。其中重启开关和电源开关信号线没有正负之分，其他3个区分正负极，通常红色信号线为正极，其他颜色为负极。安装这些信号线时，首先找到主板信号线的接口，如图7-14所示；然后按照主板说明书和主板上的英文提示，找到每个信号线的针脚及正负极，将信号线对准针脚，垂直插入。

一般情况下，红色或橙色代表正极，白色或黑色代表负极，如果不确认，在安装时可以查看背部的"+/-"极标识。POWER LED为绿白（有的为橙白），绿色端为正极。

图7-13　基本机箱信号线

图7-14　主板上信号线针脚

（2）连接前置USB接口线

前置USB接口线有分开型和整合型两种。一组分开型USB接口线包含VCC（Voltage Circuit，供电）线、USB+（USB正极接口）线、USB-（USB负极接口）线和GND（Ground，接地）线4种，如图7-15（a）所示；整合型前置USB连线如图7-15（b）所示，目前整合型比较多。

（a）分开式USB接口线

（b）整合型USB接口线

图7-15　前置USB接口信号线

主板上前置USB信号线针脚有两组，一般只使用其中一组，如图7-16所示。连接信号线时，首先按照说明书和主板上的英语提示，找到前置信号线针脚；然后对准针脚，垂直插入。需要说明，主板说明书上的英文缩写可能不尽相同，但如果有V就表示供电插针；只要最后一个字符为"+"或"-"，就表示是USB的正、负极接口。整合型前置USB接口信号线已经按组进行了捆绑，更加方便，只要一次性按组插入到主板上即可。

图7-16　前置USB接口针脚

（3）连接前置音频接口线

标准的机箱前置音频接口线大概分为两种：标准7线接口和简化7线接口，如图7-17所示。

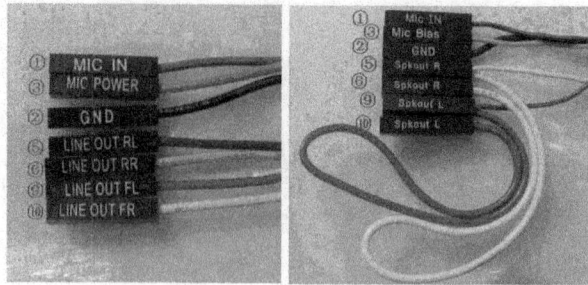

（a）标准7线接口　　（b）简化7线接口

图7-17　前置音频接口线

这两种音频接口线的英文缩写、汉语名称以及连接的针脚见表7-1。

表7-1　音频接口线的英文缩写和对应的中文名称

标准7线接口	信号线名称	简化7线接口	信号线名称	通用连接针脚
MIC IN	麦克风输入	Mic IN	麦克风输入	1
GND	接地	GND	接地	2
MIC POWER	麦克风偏置电压	Mic Bias	麦克风偏置电压	3
LINE OUT FR	右声道输出	Spkout R	右声道输出	5
LINE OUT RR	右声道返回	Spkout R		6
LINE OUT FL	左声道输出	Spkout L	左声道输出	9
LINE OUT RL	左声道返回	Spkout L		10

现在音频接口线也是整合的多一些，如图7-18所示。

主板上用来连接前置音频接口线的针脚通常为10pin，标注为AAFP，如图7-19所示。安装时参照主板说明书分别将这些信号线插入到主板上相应的音频前置接口中。表7-1中也列出了通用的连接方法作为参考。需要注意：大多数主板机箱的前置音频接口和后置音频接口无法同时使用。要使用后置音频接口，需要将机箱前面板的耳机或麦克风取出。

图7-18　整合的音频接口线

图7-19　前置音频接口针脚

9．整理机箱内部线缆

在完成机箱内部各个硬件设备的安装后，需要对机箱内部的线缆进行整理，以便使得机箱内干净整洁、散热性好和便于维护。

将机箱内部线缆理顺，用专用的捆扎带分别将多余的电
源线和机箱信号线进行捆绑，音频线单独固定在某个地方，
避免靠近电源线，产生干扰，如图7-20所示。

10．安装机箱侧面板

在确认机箱内各个硬件安装无误后，装上机箱的侧面
板，用螺丝固定住。

图7-20 整理机箱内部线缆

11．连接显示器、键盘与鼠标

机箱内的硬件安装完成后，还需要把键盘、鼠标、显示
器等设备与机箱内的硬件进行连接。

（1）连接显示器

将显示器的电源线插入到显示器后面的电源接口上，然后将信号线连接到显卡的输出
接口上，并拧上两侧的螺丝，如图7-21所示。

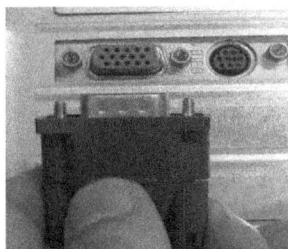

图7-21 显示器数据线的连接

（2）连接键盘和鼠标

如果键盘和鼠标都为PS/2接头，则将键盘和鼠标的接头分别插入到机箱后面的紫色和
绿色PS/2接口中，如图7-22（a）所示；如果键盘和鼠标为USB接头，将它们插入到USB接
口，如图7-22（b）所示。

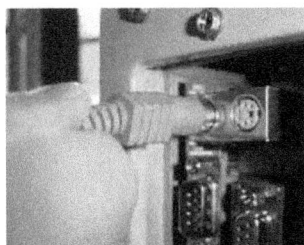

（a）连接PS/2接口的键盘　　　　　　　　（b）连接USB接口的鼠标

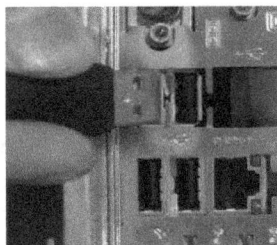

图7-22 连接键盘和鼠标

12．开机测试

连接主机电源线到机箱后面的电源接口上以后，将机箱和显示器的电源插头插入到交
流电插座中，接通电源。按下机箱上的电源开关，正常启动计算机后，可以听到电源风扇
和CPU风扇转动的声音，同时听到"嘀"的一声，显示器上出现计算机开机自检的界面，

直到出现操作系统启动提示，表示计算机已经组装成功。如果计算机不能正常运行，则需要对计算机中的配件进行重新检查，直至开机测试通过为止。

开机测试通过以后，就可以连接音箱、打印机、交换机等其他外部设备。

7.3 其他设备的连接方法

7.3.1 音箱的连接方法

将音箱的音频接头连接到机箱后面或前面的音频输出接口上，注意接头的颜色和接口的颜色应一致，如图7-23所示。

图7-23 连接音箱

如果是耳机，连接方法与音箱类似。耳机有麦克风接头，将其连接到机箱后面或前面的音频输入接口上，同样要注意接头和接口的颜色一致。

7.3.2 打印机的连接方法

根据打印机数据线的接口是USB接口还是并行接口，将数据线的一端连接到机箱的USB接口或并行接口（见图7-24），另一端连接到打印机上；用电源线连接打印机的电源接口和交流电插座。

图7-24 连接并行接口打印机

7.3.3　交换机的连接方法

使用有线局域网时，需要连接交换机。将网线的一个水晶头插入到机箱的网卡接口中，另一头插入到交换机的RJ-45接口中；用电源线连接交换机的电源接口和交流电插座；接通交换机电源，通过交换机上闪烁的指示灯来判断网线工作状态是否正常。

7.4　练习与应用

一、填空题

1. 组装计算机的必备工具包括_____、_____、镊子和导热硅胶。

2. 组装计算机之前需要释放人体所带的静电，可以用手接触一下_____或用水洗手。

3. 安装硬盘时，将硬盘数据线的一端插入_____接口，将硬盘数据线的另一端插入到_____接口。

4. 如果使用USB前置接口和音频前置接口，需要将机箱内部的_____连接到主板上。

5. 组装完计算机之后，正常启动计算机，显示器上出现计算机_____的画面，表示计算机已经组装成功。

6. 导热硅胶是安装_____时不可缺少的用品。

7. _____是拆卸机箱上各种挡板和挡片的工具。

8. _____的电源线插头插到主板上标有CPU FAN字样的供电插座上。

9. 键盘和鼠标的接头可以分别插入到机箱后面的紫色和绿色_____接口中。

10. 基本机箱信号线中，H.D.D. LED（硬盘指示灯）信号线为_____。

二、简答题

1. 组装计算机之前应该准备哪些工具？

2. 组装计算机的基本流程是怎样的？

3. 组装计算机之后，怎样判断是否通过开机测试？

第8章

BIOS参数设置

BIOS是计算机系统中最重要的一组程序，主要用来完成计算机启动和系统中重要硬件控制及驱动的任务，并为高层软件提供基层调用服务。本章将重点介绍BIOS的功能和CMOS参数设置方法等内容。

学习要点：

- 了解BIOS的基本功能。
- 掌握BIOS常用参数设置的方法。
- 理解BIOS和CMOS的概念。

8.1 BIOS的概述

8.1.1 BIOS和CMOS的基本概念

BIOS（Basic Input Output System，基本输入/输出系统）是被固化在主板ROM芯片内的一组程序，由基本输入/输出程序、系统设置程序、加电自检（Power On Self Test，POST）程序和系统启动引导程序组成。

早期人们使用烧录器将程序写入BIOS ROM芯片里，内容一旦写入就永远不能更改。现在BIOS中的内容存储在Flash EPROM芯片中，用户可以使用主板厂商提供的擦写程序来修改BIOS中的程序，为用户升级BIOS提供可能。

CMOS（Complementary Metal-Oxide Semiconductor，互补金属氧化物半导体）实际上是一块具有读写功能的随机存储器，通常集成在南桥芯片内，保存着由BIOS中的系统设置程序对系统配置设置的结果。CMOS由主板上的电池供电，因此在关机状态下，CMOS中的数据也不丢失。

8.1.2 BIOS的基本功能

BIOS主要完成自检及初始化、硬件参数设置、硬件中断处理和程序服务请求这几项功能。

1. 自检及初始化

自检及初始化指计算机加电后到启动成功的整个过程。它由以下几步组成：第一步，当计算机接通电源后，电源就开始向主板和其他设备供电，此时电压还不稳定，主板上的控制芯片组向CPU发出并保持一个重置（RESET）信号，让CPU初始化。当电源开始稳定供电后，芯片组撤去重置信号，CPU立即执行BIOS中的跳转指令，跳转到BIOS的启动代码处，开始执行POST程序。第二步，利用POST程序检测系统中的关键设备（如内存、显卡等）是否存在和能否正常工作。如果检测中发现有的硬件出现严重故障，则扬声器会发出长短不同的报警声音，给出错误的类型。第三步，如果检测正常则系统的BIOS查找显卡的BIOS，调用显卡BIOS的初始化代码对显卡进行初始化，此时屏幕上会一闪而过地显示出显卡的相关信息。然后，系统的BIOS会查找其他设备的BIOS程序，调用这些BIOS内部的初始化代码来初始化这些设备，之后系统BIOS将显示自己的启动画面。第四步，系统BIOS接着依次检测CPU的类型和工作频率、测试内存容量、检测系统中安装的标准硬件设备（硬盘、CD-ROM、串行和并行接口等连接设备）、检测和配置系统安装的即插即用设备。每次检测结果都会在屏幕上一闪而过。第五步，在这检测过程中，若发现系统出现非严重故障，则在显示器上给出错误提示信息或声音报警信号，等待用户处理。当故障被解决之后或系统一切正常，则BIOS调用启动引导程序，读取磁盘引导记录进内存，再由引导记录读取磁盘操作系统的重要文件进内存，操作系统开始运行，至此计算机启动成功，等待用户使用。

2. 硬件参数设置

系统设置（SETUP）程序是BIOS中的一部分，完成计算机硬件配置参数的设置任务。当计算机系统处于第一次加电或CMOS因断电而丢失原有数据时，需要调用SETUP程序，将系统的配置情况以参数的形式存入到CMOS中；或当系统增加、减少或更换硬件时，也需要调用SETUP程序，重新设置CMOS中的相应参数。

调用SETUP程序的方法是，系统在启动过程中，当自检结束后，显示器的屏幕上会出现提示信息，询问用户是否执行BIOS中的SETUP程序，对CMOS参数进行设置。如果需要则可按屏幕上相关信息的提示，通过在规定时间内按某一个键（通常是Del键）或某几个键的组合来启动SETUP程序。进入CMOS设置状态后，会出现设置界面，供用户使用。对设置好的参数，系统自动存入到CMOS中。具体参数的设置方法详见8.2节中讲解的内容。

3. 硬件中断处理和程序服务请求

BIOS的中断服务程序和程序服务请求程序与操作系统一起完成对输入/输出设备的管理。计算机开机的时候，BIOS会告诉CPU各硬件设备的中断号，当用户发出使用某个设备的指令后，CPU会根据中断号使用相应的硬件来完成命令的工作，然后再根据中断号跳回原来的工作状态。程序服务请求程序通过特定的端口发出指令，向输入/输出设备传送数据或从输入/输出设备接收数据，从而实现软件应用程序对硬件的直接操作。

8.1.3　BIOS的种类

目前常见的BIOS芯片有AWARD BIOS、AMI BIOS、Phoenix BIOS和Intel专用BIOS。虽然Phoenix公司已经兼并了AWARD公司，并在台式机主板上可以看到标有PHOENIX-AWARD字样的BIOS，但其实质还是AWARD的BIOS；对于Intel主板的BIOS，虽然它是使用AMI的BIOS，但又区别于AMI，因此暂定它为Intel专用BIOS。

8.2 设置BIOS的方法

在计算机系统中，BIOS程序设置的优劣直接影响着整个系统的运行性能。尽管不同类型的BIOS设置界面和设置方法不全相同，但是所要设置的基本内容大体相同。本节以联想台式启天系列机为例详细介绍BIOS的设置方法。

8.2.1 BIOS设置程序的主界面

进入BIOS设置程序后，看到的主界面如图8-1所示。界面最上方为主界面的标题，它的下方包括7个主菜单，从其名称上可以了解到各项的主要功能和设置范围；界面中间部分为主菜单选定后的选项和对计算机系统某些特点的描述，其中带三角符号的项表示还有子项，白色字体的项表示选中项，系统描述为灰色字体表示不可更改项；界面最下方为操作说明区，为用户提供操作帮助和操作说明，如使用方向键（←、→）选择不同菜单，使用方向键（↑、↓）选择不同的项，按Enter键可进入子项等。

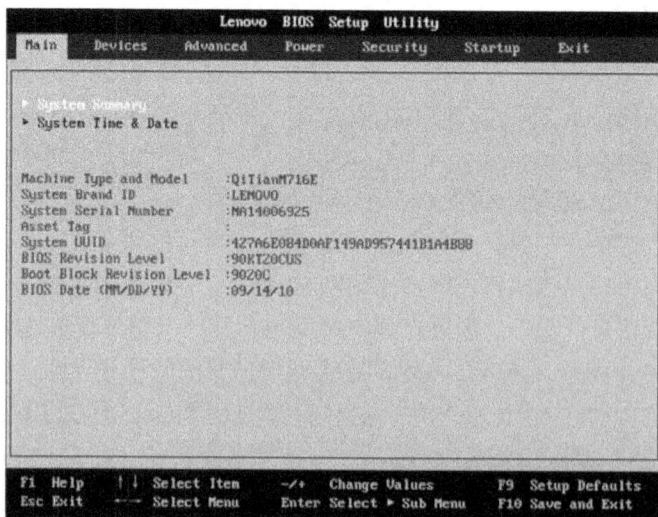

图8-1 BIOS 设置程序主界面

8.2.2 Main（标准设定）

标准设定主界面即为BIOS设置程序主界面，包括System Summary和System Time & Date两个选项，具体含义和设置方法如下。

1. System Summary（系统概要）

系统概要界面如图8-2所示，给出系统基本硬件的信息。

2. System Time & Date（系统时间和日期设定）

系统时间和日期设定界面如图8-3所示。在该界面中，用户可以修改系统的时间和日期。

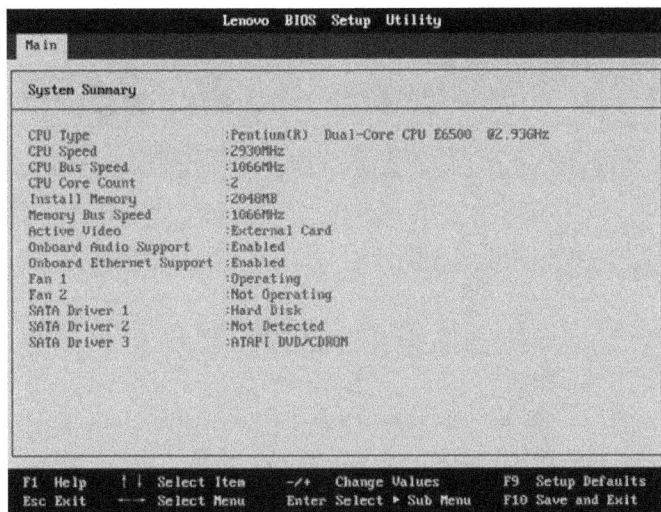

图8-2　System Summary界面

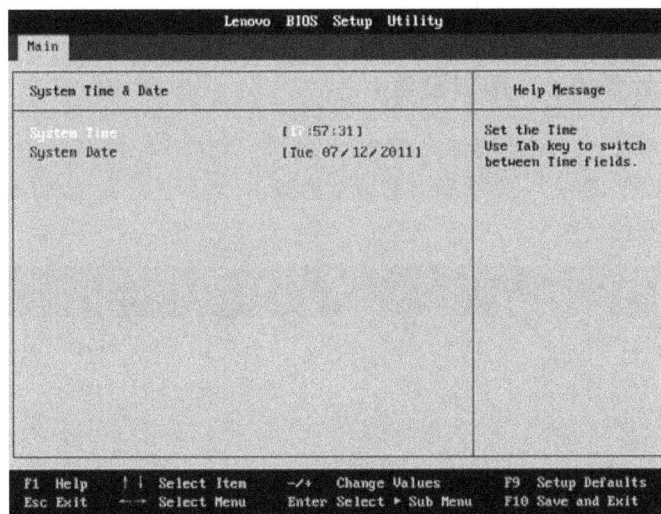

图8-3　System Time & Date界面

（1）System Time [hh:mm:ss]

系统时间设置的顺序为时、分、秒，使用Tab键在时、分、秒的位置进行切换和利用+/-修改大小。

（2）System Date [mm/dd/yy]

系统日期设置的顺序为月、日、年，使用Tab键在月、日、年的位置进行切换和利用+/-修改大小，星期随着年、月、日的改变而变化。

8.2.3　Devices（设备管理）

设备管理主界面如图8-4所示。它包括Serial Port Setup、Parallel Port Setup、USB Setup、ATA Drives Setup、Video Setup、Audio Setup和Network Setup共7个子选项，具体含义和设

置方法如下。

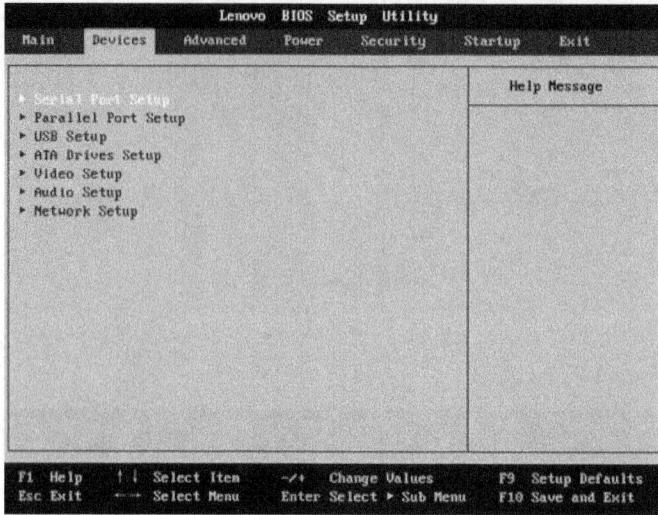

图8-4　Devices界面

1. Serial Port Setup（串口设置）

Serial Port Setup包含Serial Port1 Address子选项，如图8-5所示。若选择Disabled，则禁用串口；若选择3F8/IRQ4，则表示串口的地址为3F8，对应的中断号为IRQ4；其他3项含义相同，3F8/IRQ4为默认值。

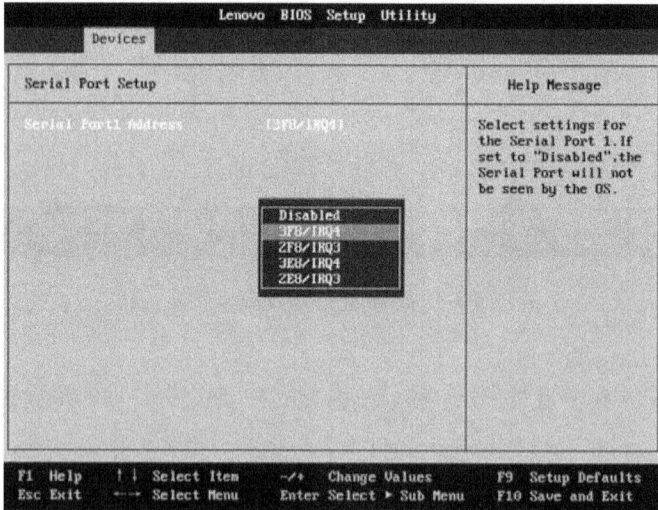

图8-5　Serial Port1 Address界面

2. Parallel Port Setup（并口设置）

Parallel Port Setup包含Parallel Port Address（并口地址）子选项，如图8-6所示。若选择Disabled，则禁用并口；"378"和"278"为并口可选的两个地址值，默认值为"378"。

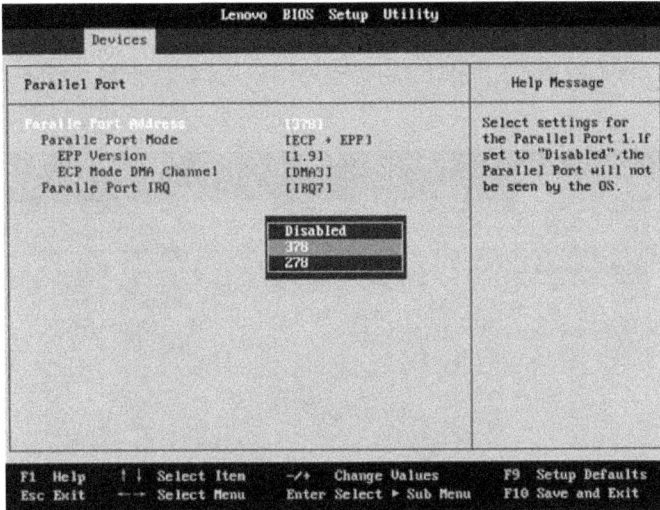

图8-6　Parallel Port Address界面

（1）Parallel Port Mode（并口工作模式）

Parallel Port Mode为并口数据传输模式，如图8-7所示。Normal与SPP（Standard Parallel Port，标准并口）的含义相同，是最早出现的只能进行单向传输的并口工作模式，最高速率可达150KB/s，几乎所有使用并口的外部设备均支持这种模式，当连接并口的外部设备出现兼容性错误时，适合将并口设置为Normal模式。Bi-Directional为双向传输数据方式的并口，这种方式需硬件支持。EPP（Extended Parallel Port，增强并口）模式是在SPP基础上发展起来并支持双向并行传输的主要并口工作模式，最高速率可达2MB/s，目前大多数打印机、扫描仪均支持该模式。ECP（Extended Capabilities Port，扩展功能并口）是较先进的支持双向并行传输的并口工作模式，最高速率可达4MB/s，但兼容性较差，只有外部设备支持ECP模式，才能选择该选项。ECP+EEP表示可在ECP和EEP之间自动切换传输模式，以最适当的模式传输数据，是默认的并口工作模式。

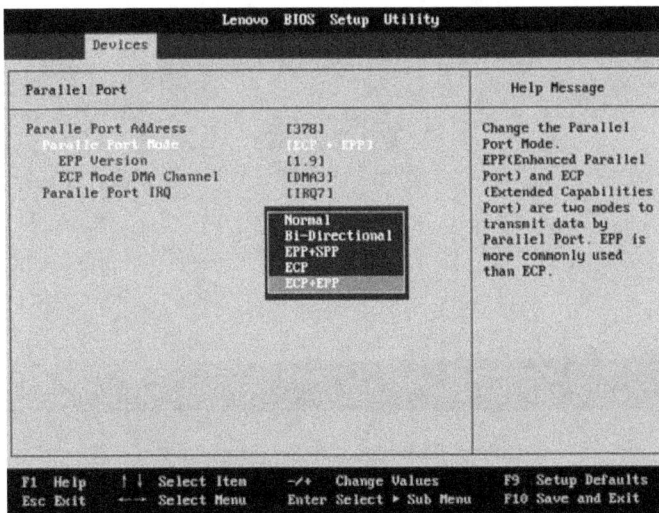

图8-7　Parallel Port Mode界面

1）EPP Version（EPP 版本）

EPP有1.9和1.7两个版本，如图8-8所示。选择不同版本会影响到设备的运行，本机默认值为1.9。

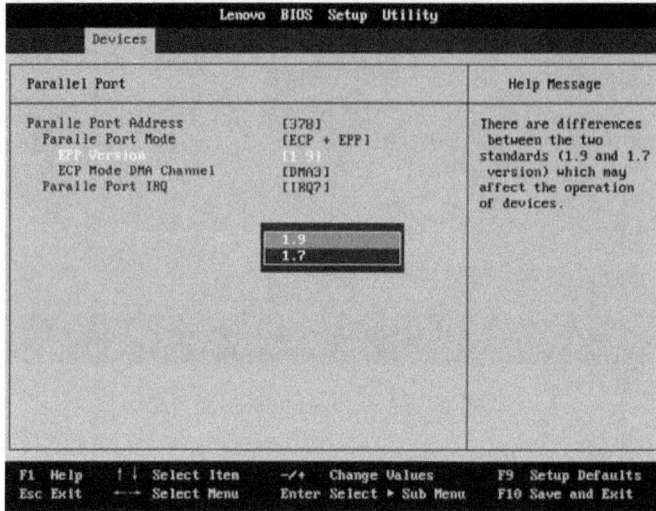

图8-8　EPP 版本界面

2）ECP Mode DMA Channel（ECP 模式下的直接内存存取通道）

DMA（Direct Memory Access，直接内存存取）是一种技术，使用该技术不需要有CPU控制，内存和并口设备就能直接进行数据传输。在ECP的并口工作模式下，使用了这项技术，但它需要一个DMA通道，默认值为DMA 3；如图8-9所示，如果设备有冲突，可以选择DMA 1。

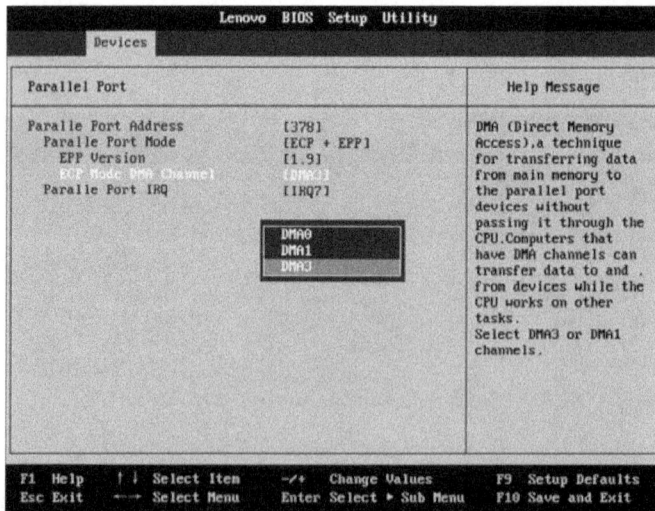

图8-9　ECP Mode DMA Channel界面

（2）Parallel Port IRQ（并行端口中断请求）

Parallel Port IRQ为并口申请中断号，如图8-10所示。若并口地址为378，则中断号选择

IRQ7；若并口地址为278，则中断号选择IRQ5。

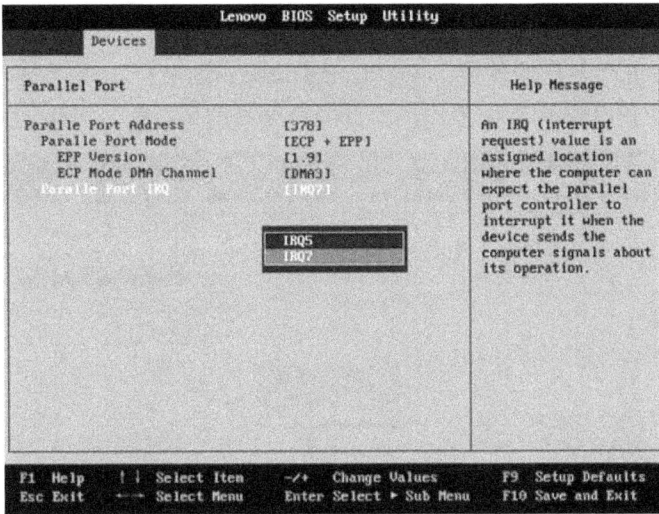

图8-10　Parallel Port IRQ界面

3. USB Setup（USB设置）

USB 设置包括USB Support和USB Legacy Support 两个子选项，具体含义如下。

（1）USB Support

USB Support界面如图8-11所示，若选择Enabled（启用），则可使用所有USB设备；否则，选择Disabled（禁用），将禁用任何UBS设备，默认值为Enabled。

（2）USB Legacy Support

USB Legacy Support中包括Enabled和Disabled两个选项值，若选择Enabled，则在开机加电自检中支持USB设备，并且在DOS下使用鼠标或使用USB键盘，按Del键直接进入到BIOS，该项为默认值。若选择Disabled值，则可以解决Windows下的大部分USB故障。

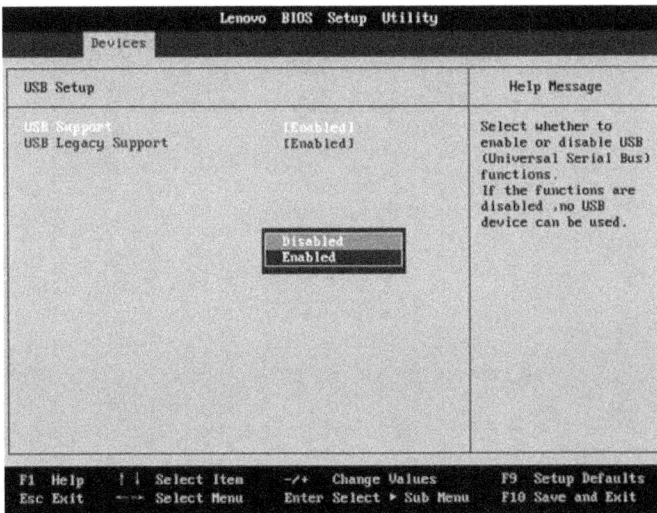

图8-11　USB Support界面

4. ATA Drives Setup（ATA硬盘设置）

ATA硬盘设置包括SATA Controller（串行控制器）一个子选项，如图8-12所示。选择Disabled，则禁止串行硬盘的使用；选择Compatible，则串行和并行硬盘同时使用；选择Enhanced，则为加强设置。

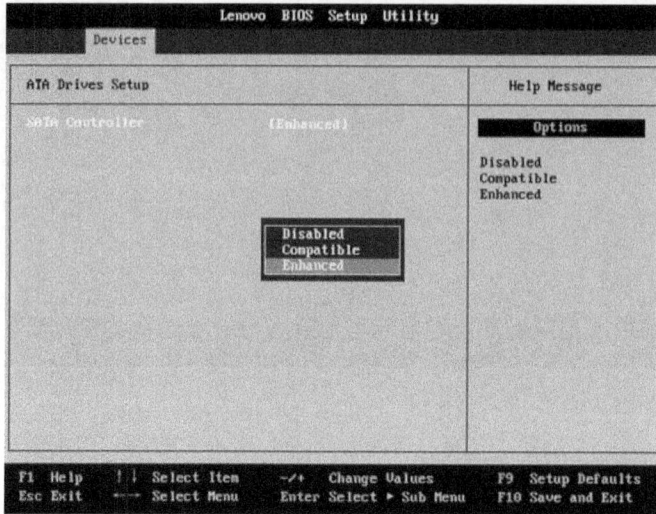

图8-12　ATA Drives Setup 界面

5. Video Setup（视频设置）

视频设置包括Select Active Video、DVMT Mode、Internal Graphics Mode Select和PAVP子选项。

（1）Select Active Video（选择有效视频）

Select Active Video指设置显卡接口类型，如图8-13所示。若显卡为集成显卡，则选择IGD（Internal Graphics Device，集成显卡）；若显卡接口为PCI或PEG，则应选择相应的组合。

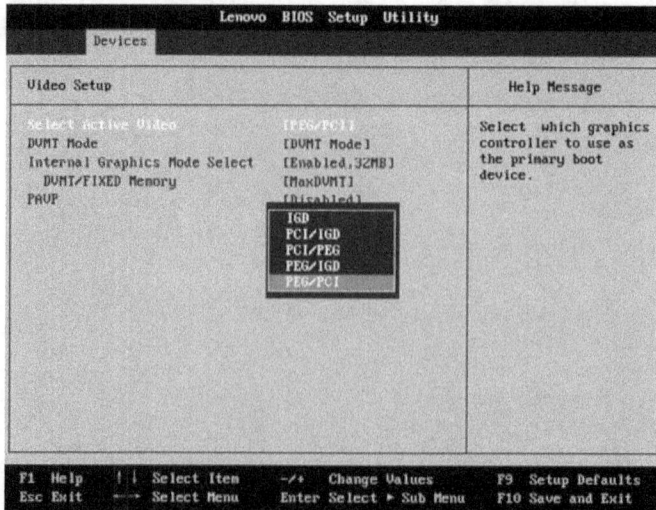

图8-13　Select Active Video 界面

（2）DVMT（Dynamic Video Memory Technology，动态分配共享显存技术） Mode

DVMT Mode有DVMT Mode和Fixed Mode两个值。若为集成显卡，则选择DVMT Mode；若为独立显卡，则选择Fixed Mode，如图8-14所示。

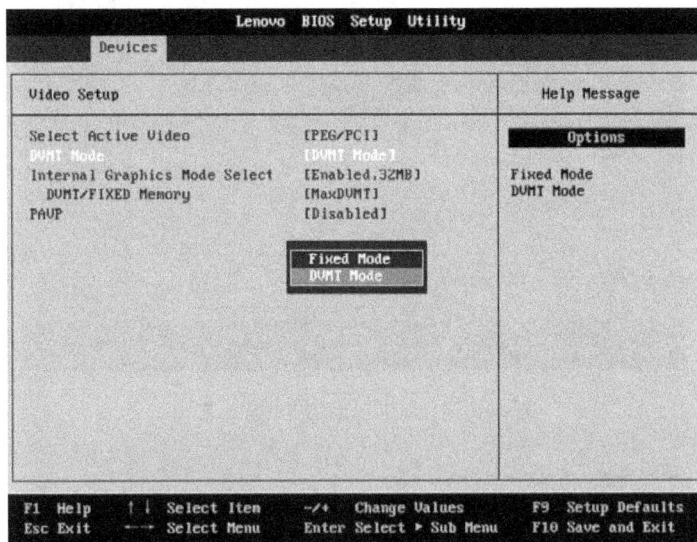

图8-14 DVMT Mode 界面

（3）Internal Graphics Mode Select（内部图形模式选择）

Internal Graphics Mode Select界面如图8-15所示。若为独立显卡，则选择Disabled；若为集成显卡则选择其他3项中的一项，各项数值为显卡可使用的共享内存的大小。

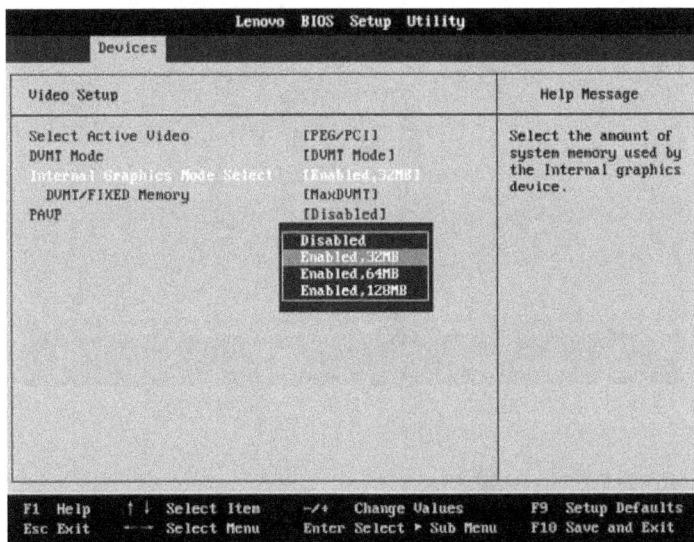

图8-15 Internal Graphics Mode Select界面

DVMT/FIXED Memory只有在Windows XP操作系统中，才可以使用。该项的可选设置值包括128MB、256MB和MaxDVMT这3个，如图8-16所示。

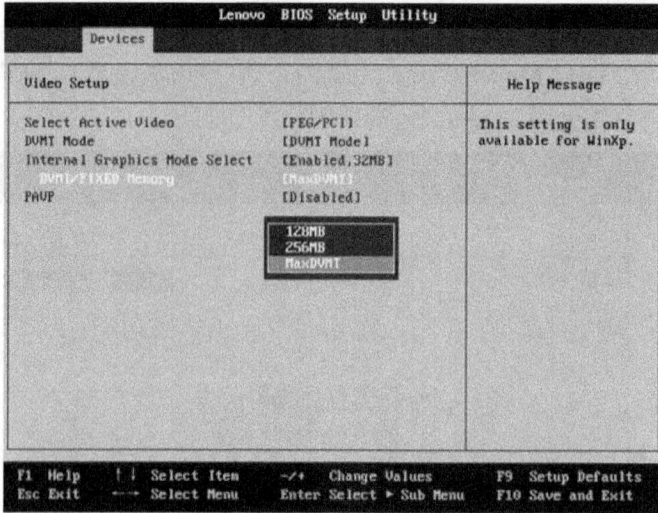

图8-16　DVMT/FIXED Memory界面

（4）PAVP（Protected Audio Video Part，保护音频/视频路径）

PAVP是一种能确保高清视频播放连接保护路径的稳定和安全的功能，如图8-17所示。选择Disabled，为不启用该项功能；选择Lite，可以大大提高流畅度，但对画面质量有所影响；选择Paranoid，可以获得最高的画面质量，但会稍稍影响流畅度。

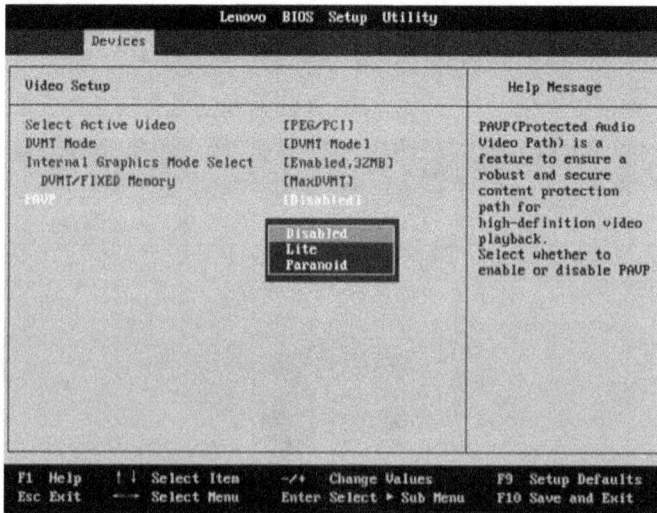

图8-17　PAVP界面

6. Audio Setup（音频设置）

Audio Setup包括Onboard Audio Controller（集成音频控制器）一个子选项，它只包含Enabled和Disabled两个选项值。若为集成声卡，则选择Enabled；否则，选择Disabled。

7. Network Setup（网络设置）

Network Setup界面如图8-18所示。其中包含Onboard Ethernet Controller和Boot Agent两个子选项以及一个网卡的地址。

（1）Onboard Ethernet Controller（集成以太网卡）

若网卡为集成网卡，则在Onboard Ethernet Controller选项中选择Enabled；否则，为Disabled，如图8-18所示。

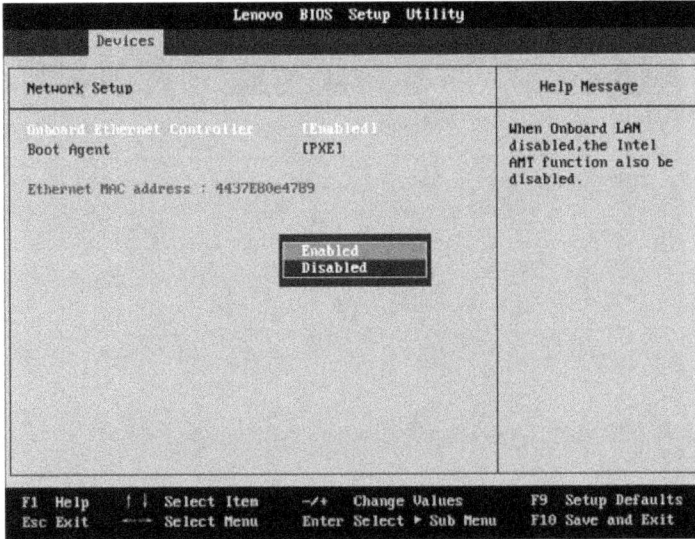

图8-18　Network Setup界面

（2）Boot Agent（网络启动）

Boot Agent选项值有PXE（Preboot Execute Environment，远程引导技术）、SMC和Disabled，如图8-19所示。只有在使用无盘系统或使用网络安装和网络Ghost的时候才会用到，否则选择Disabled。PXE是由Intel公司开发的最新技术，在Client/Server的网络模式下，支持工作站通过网络从远端服务器下载映像，并由此支持来自网络操作系统的启动过程。

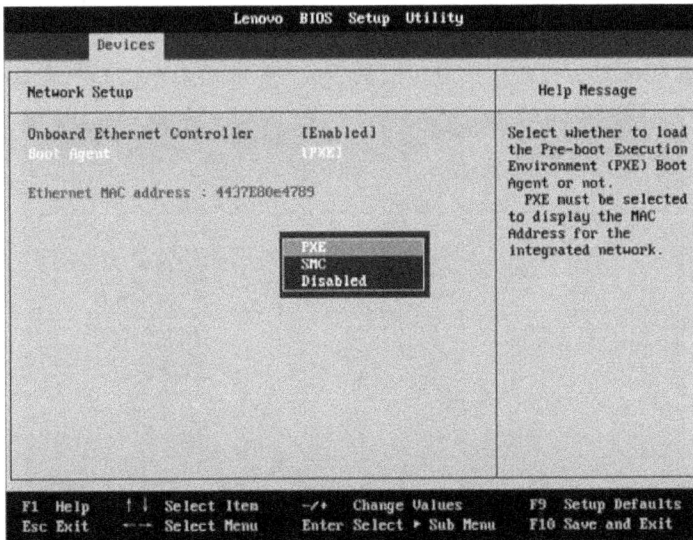

图8-19　Boot Agent界面

8.2.4 Advanced（高级BIOS特征）

高级BIOS特征主界面如图8-20所示。其中共包含一个说明和两个选项，具体含义和设置方法如下。

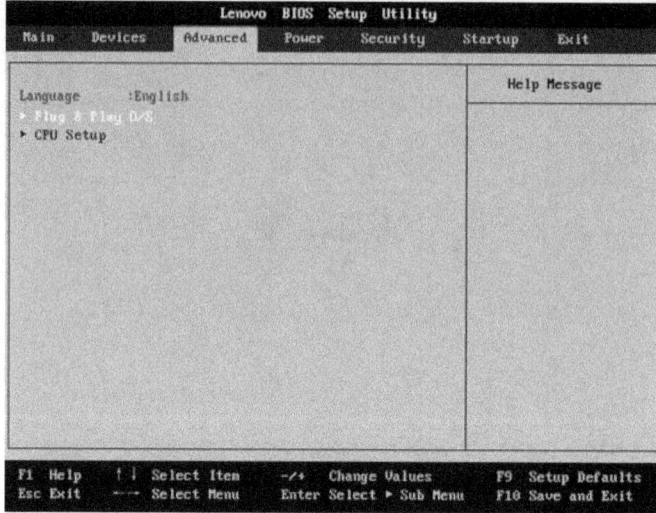

图8-20 Advanced 界面

1. Plug & Play O/S（即插即用操作系统）

Plug & Play O/S共有Yes和No两个选项，默认值为Yes。若选择No值，则允许BIOS操作系统配置所有设备。若选择Yes值，则允许操作系统配置"即插即用"设备，配置结果不需重新启动计算机便可生效。在配置前应查阅操作系统是否支持"即插即用"功能。

2. CPU Setup（CPU设置）

CPU设置主界面如图8-21所示。其中共包含7个选项和两个说明，具体含义如下。

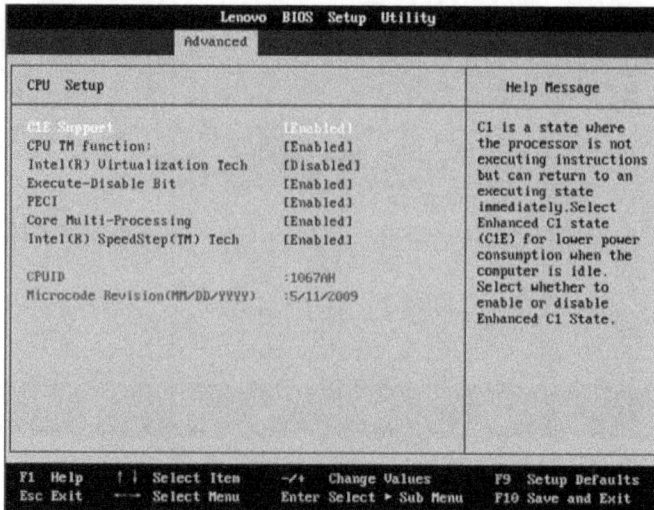

图8-21 CPU Setup界面

（1）C1E Support（C1E支持）

C1指CPU处于既不读取指令，也不读写数据的空闲状态。C1E（Enhanced Halt State，增强的空闲状态）即增强的C1状态，该选项有Enabled和Disabled两个值，Enabled为默认值。若开启C1E Support功能，则当系统处于闲置状态时，CPU能通过降低频率来节省电能和减少热量；否则，将无此项功能。

（2）CPU TM function（CPU的温度管理）

CPU TM function包括Enabled和Disabled两个选项，默认值为Enabled。当选择Enabled时，开启了CPU温度管理功能，使得CPU在温度过高时能通过自动降低频率和工作电压来降低工作温度，对CPU起到保护作用。

（3）Intel（R）Virtualization Tech.（英特尔虚拟技术）

Intel（R）Virtualization Tech.有Enabled和Disabled两个选项值，Disabled为默认值。若开启虚拟技术，则允许一个平台同时运行多个操作系统，并且应用程序都可在相互独立的空间内运行而互不影响，从而明显提高计算机的工作效率。

（4）Execute-Disable Bit（禁用执行位）

Execute-Disable Bit有Enabled和Disabled两个选项值，默认值为Enabled。在操作系统支持下，开启该项功能可以防止某种恶意缓冲区溢出的攻击。

（5）PECI（Platform Environment Control Interface，平台环境式控制接口）

PECI指Intel公司提出的新一代数字接口，通过该接口可以将主处理器中DTS（Digital Thermal Sensor，数字热量传感器）监控到的CPU核心温度传输出来，然后系统动态调整风扇转速。目前，CPU普遍采用了PECI技术，这种技术使得CPU以最佳化的效能来运作，从而达到更小的功耗。

（6）Core Multi-Processing（多核处理）

Core Multi-Processing包括Enabled和Disabled选项值，默认值为Enabled。启用该项功能，允许操作系统使用CPU所有的内核；禁用则只使用CPU的一个内核。

（7）Intel（R）SpeedStep（TM）Tech.（英特尔加速温度步骤技术）

SpeedStep是英特尔公司生产CPU使用的一项新技术，有Enabled和Disabled两个选项值，Enabled是默认值。选择Enabled时，系统可以动态地调整CPU的电压和频率，以降低平均电能的消耗和减少平均热量的产生；选择Disabled则无此项功能。

8.2.5　Power（电源管理）

电源管理主界面如图8-22所示。其中共包括两个选项和一个说明，具体含义如下。

1. ACPI Standby mode（高级配置和电源接口标准待机模式）

ACPI（Advanced Configuration and Power Interface，高级配置和电源接口）Standby mode 是说明项，表明电源由BIOS和操作系统共同控制，提高操作系统在控制电能消耗方面的作用。

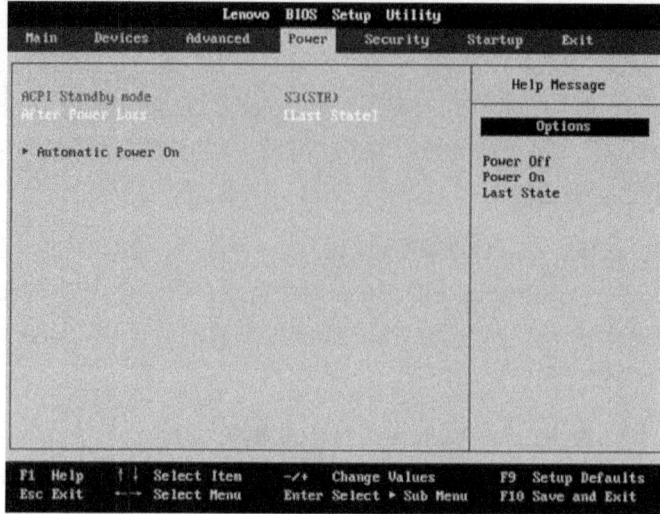

图8-22　Power界面

2. After Power Loss（电源中断后）

After Power Loss包括Power off、Power On和Last State这3个选项值，默认值为Last State。选择Power off，表示断电后，再一次通电时计算机不会自动开机；选择Power On，表示通电后自动开机；Last State，则表示保持断电时计算机的状态。

3. Automatic Power On（自动电源上电）

自动电源上电的主界面如图8-23所示。其中共包括4个选项，具体含义及设置方法如下。

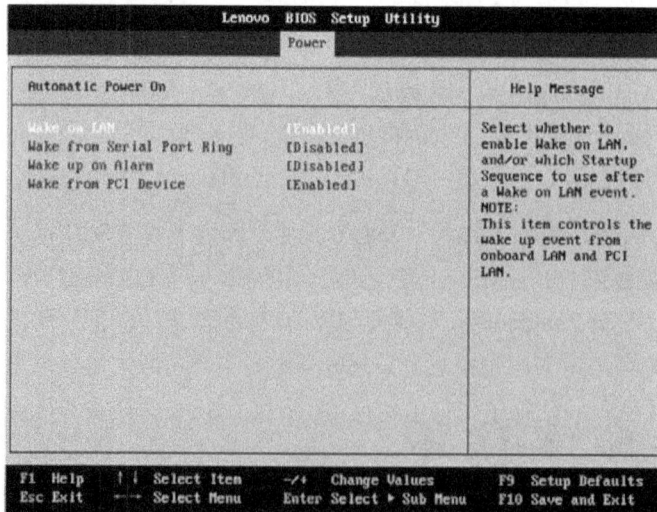

图8-23　Automatic Power On界面

（1）Wake on LAN（局域网唤醒）

唤醒指计算机从休眠状态进入到工作状态的过程。Wake on LAN（WOL或WoL）既是一种技术，也是这种技术的规范标准。它不仅能从局域网的另一端唤醒休眠的计算机，也能将计算机由关机状态转换为开机状态。实现局域网唤醒功能，需要具有远程唤醒功能的主板和网卡的支持。在具有远程唤醒的条件系下，选择Enabled，可以实现局域网唤醒。

（2）Wake from Serial Port Ring（串行端口环唤醒）

Wake from Serial Port Ring包括Enabled和Disabled两个选项。选择Enabled，开启串行端口环唤醒；否则关闭该项功能，默认值为Disabled。

（3）Wake up on Alarm（实时时钟唤醒）

Wake up on Alarm包括Enabled和Disabled两个选项。选择Enabled，开启实时时钟（RTC）唤醒功能；否则关闭该项功能，默认值为Disabled。

（4）Wake from PCI Device（从PCI接口设备唤醒）

Wake from PCI Device包括Enabled和Disabled两个选项。选择Enabled，开启PCI接口硬件设备的唤醒功能；否则关闭该项功能，默认值为Enabled。

8.2.6　Security（密码及安全设置）

密码及安全设置主界面如图8-24所示。其中包含两个说明项和3个设置项，说明项的含义为本台机器没有设置管理员密码和电源开机密码；设置项的含义如下。

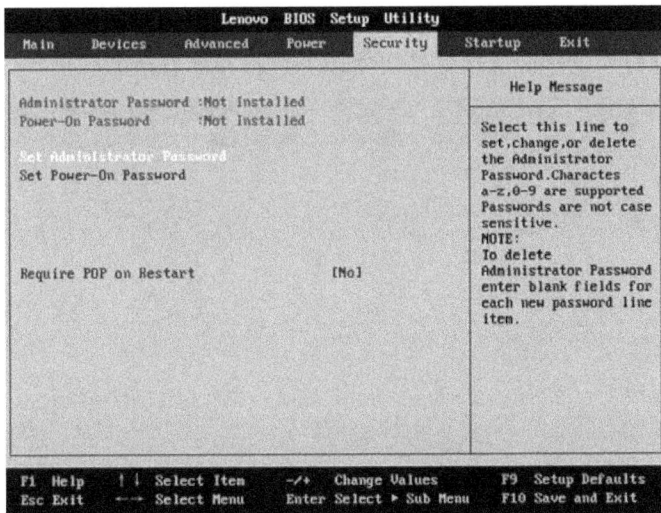

图8-24　Security界面

1. Set Administrator Password（设置管理员密码）

设置管理员密码的方法为在图8-25所示的文本框中输入a～z或0～9的组合，不区分大小写；如果取消密码，则输入空格。设置管理员密码后，系统进入BIOS参数设置时，需要输入此密码。

2. Set Power-On Password（设置接通电源密码）

如果设置了接通电源密码，则在开机后，电源接通之前要输入设置的密码。

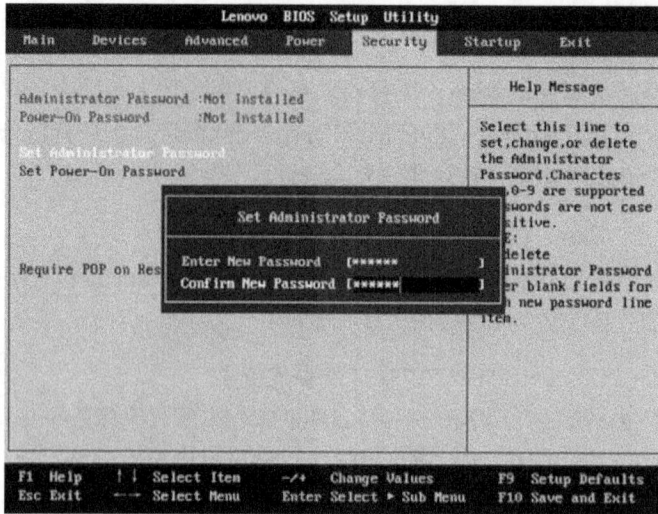

图8-25　Set Administrator Password界面

8.2.7　Startup（启动菜单）

启动菜单主界面如图8-26所示，其中共包括9个选项。通过对这些选项的设置，能在可用设备中指定引导设备的优先级，这些可用设备已被显示在屏幕上。

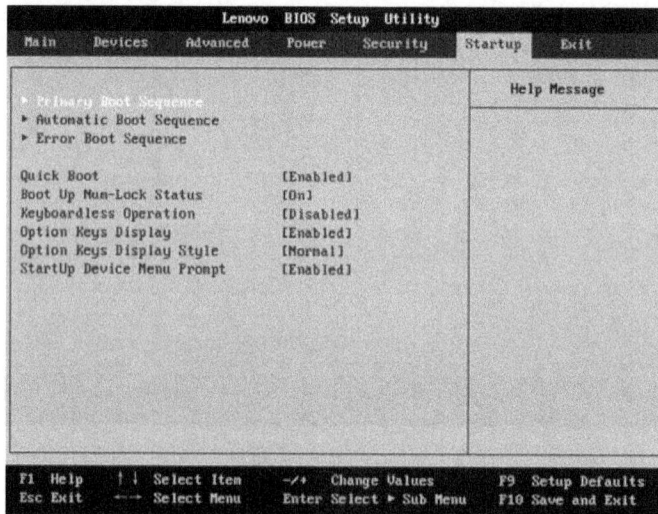

图8-26　Startup界面

1. Primary Boot Sequence（主引导序列）

Primary Boot Sequence包括8个选项，前4个为1st Boot Device、2nd Boot Device、3rd Boot Device和4th Boot Device，表示共有4个启动设备，每个启动设备可选值为Removable Dev.、Hard Drive、CD/VCD、Network或Disabled，分别表示"移动设备启动"、"硬盘启动"、"光驱启动"、"网络启动"、"禁用启动设备"。当计算机加电自检无任何错误时，按照主引导序列的顺序启动计算机。后4个选项为Hard Disk Drives、Removable Drives、CD/VCD

Drives和Network Drives，表示具有两个以上相同的启动设备时需要进行的顺序设置，如图8-27所示。

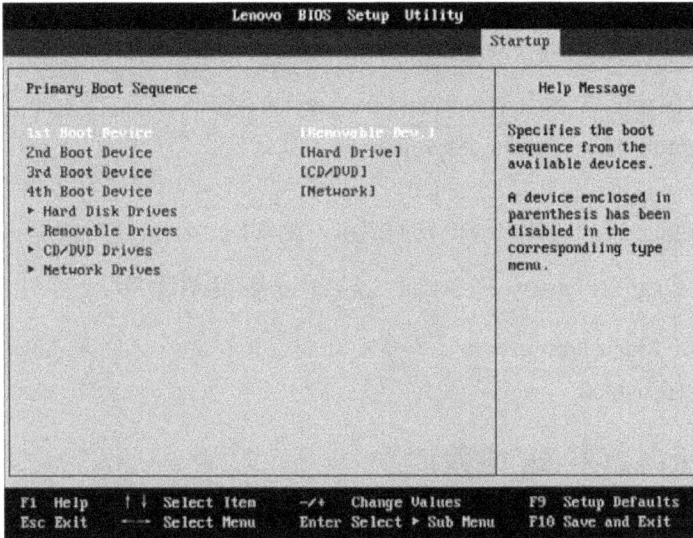

图8-27 Primary Boot Sequence界面

2. Automatic Boot Sequence（自动引导序列）

Automatic Boot Sequence只包含了与Primary Boot Sequence前4项相同的选项。当计算机由网络开机时，按照自动引导序列的顺序启动计算机。

3. Error Boot Sequence（错误引导序列）

Error Boot Sequence包括的选项与Automatic Boot Sequence的相同。当计算机加电自检出现任何错误时，按照错误引导序列的顺序启动计算机。

4. Quick Boot（快速引导）

Quick Boot包括Enabled和Disabled两个选项值。选择Enabled，可以获得最快的引导时间；否则选择Disabled时，在加电自检过程中检测键盘按键状态，若检测出有被按下或被粘住的按键，则在加电自检后发出报警声。

5. Boot Up Num-Lock Status（启动后小键盘数字键锁定状态）

Boot Up Num-Lock Status包括On和Off两个选项值。选择On时，启动后点亮小键盘灯光并开启小键盘；选择Off时，启动后不开启小键盘，默认值为On。

6. Keyboardless Operation（没有键盘操作）

Keyboardless Operation包括Enabled和Disabled两个选项值，默认值为Disabled。如果没有键盘操作模式，是允许系统在没有键盘的情况下运行的。在系统被设置为网络服务器时，这种操作模式普遍被使用。注意，若选择Enabled，则在加电自检过程中不显示没有键盘的错误。

7. Option Keys Display（选项键显示）

Option Keys Display包括Enabled和Disabled两个选项值，默认值为Enabled。

8. Option Keys Display Style（选项键显示类型）

Option Keys Display Style包含Normal和Legacy两个选项，默认值为Normal。如果Option Keys Display和Option Keys Display Style都选择了默认值，则开机显示system is starting...；如果将Option Keys Display改成Disabled，则什么提示的字样都没有；如果将Option Keys Display Style改成Legacy，则会出现传统的提示，例如F1、F11、F12的提示。

9. Startup Device Menu Prompt（启动设备菜单程序）

Startup Device Menu Prompt和开机设备启动的选择有关系，包括Enabled和Disabled两个选项值，默认值为Enabled。

8.2.8 Exit（离开BIOS程序）

Exit的主界面如图8-28所示。它包括4个子选项，分别为完成BIOS参数设置；离开BIOS程序时，有4个模式可供选择。

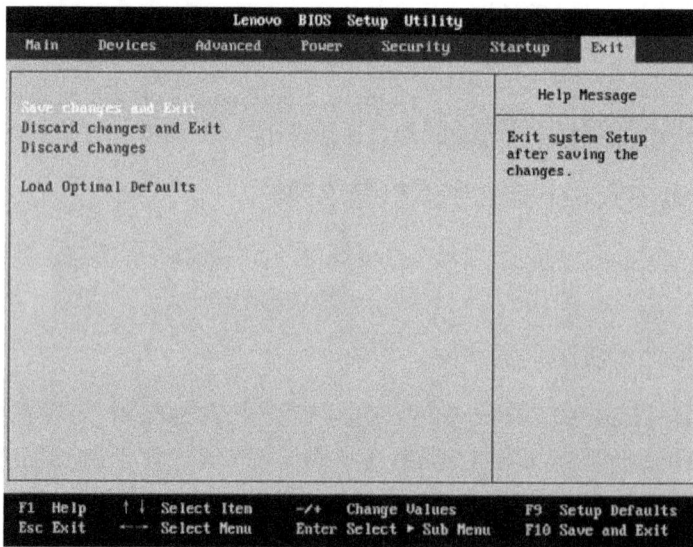

图8-28   Exit主界面

1. Save changes and Exit（保存设置后的参数并退出）

Save changes and Exit界面如图8-29所示。若选择OK，则将设置参数存入到CMOS内存中并离开BIOS程序；若选择Cancel，则返回到BIOS参数设置界面，且修改的参数还存在，可继续设置BIOS参数。

2. Discard changes and Exit（放弃设置后的参数并退出）

Discard changes and Exit包括OK和Cancel两个选项值。选择OK，将修改后的参数值不存到CMOS中并离开BIOS程序；选择Cancel，则返回到BIOS设置程序。

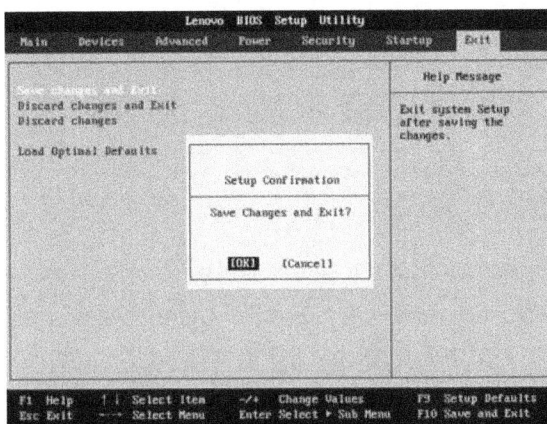

图8-29　Save changes and Exit界面

3. Discard changes（放弃设置后的参数）

Discard changes包括OK和Cancel两个选项值。选择OK，则放弃所有修改的参数，并返回到BIOS程序；选择Cancel，则返回到BIOS设置程序，修改的参数还存在。说明：F7键可以起到同样的作用。

4. Load Optimal Defaults（装载最优默认值）

Load Optimal Defaults在选择OK后，可以将各个参数设置为系统默认的最优值，并返回到BIOS程序；选择Cancel，则返回到BIOS设置程序。

8.3　练习与应用

一、填空题

1. BIOS是_____的缩写，它存储在_____存储器中。
2. CMOS是_____存储器。

二、简答题

1. 简述BIOS的基本组成及其作用。
2. 简述BIOS与CMOS之间的关系。

三、应用题

1. 上网查找其他BIOS参数的设置方法。
2. 了解自行使用计算机的BIOS参数设置的特点。
3. 利用BIOS模拟器，上机练习BIOS的参数设置方法。

第9章
笔记本计算机

笔记本计算机（Notebook Computer或Laptop）俗称笔记本电脑，是一种小型、可携带的个人计算机，重量通常为1～3kg。由于笔记本计算机强调可携带性，所以它的结构与台式计算机不完全相同。本章主要介绍笔记本计算机的分类、内部和外部结构特点及其选购技巧。

学习要点：

- 了解笔记本计算机与台式计算机的区别。
- 掌握笔记本计算机硬件结构的特点和选购技巧。

9.1　笔记本计算机的分类

9.1.1　按照用途分类

笔记本计算机按用途可分为商务型、时尚型、多媒体应用型和特殊用途型4种类型。

商务型笔记本计算机的特征一般为移动性强、电池续航时间长；时尚型外观各异，也有适合商务使用的时尚型笔记本计算机；多媒体应用型的笔记本计算机是结合强大的图形及多媒体处理能力，又兼有一定移动性的综合体，市面上常见的多媒体笔记本计算机拥有独立的、较为先进的显卡，较大的屏幕等特征；特殊用途型的笔记本计算机是服务于专业人士，可以在酷暑、严寒、低气压和战争等恶劣环境下使用，机型较为笨重。

9.1.2　按照尺寸分类

笔记本计算机按照尺寸可分为10in、11in、12in、13in、14in、15in以及15in以上的几种类型。10in的笔记本计算机一般用做上网本，安装外置USB接口或内置无线上网卡，随时随地接入Internet。14in的笔记本计算机是主流型号，通用的笔记本计算机一般采用这个尺寸。

9.2　笔记本计算机的结构

笔记本计算机的结构分为外部结构和内部结构，本节主要介绍外部结构和内部结构包含的硬件以及它们的特点。

9.2.1 笔记本计算机的外部结构

笔记本计算机的外部主要有外壳、显示屏、键盘、触摸板、摄像头、麦克风、散热装置、外部接口、外置电池和电源适配器等器件组成，如图9-1所示。

摄像头　　麦克风

外壳

显示屏

触摸板

键盘

（a）笔记本计算机正面

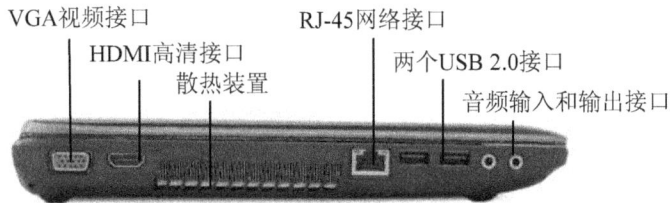

VGA视频接口　　RJ-45网络接口
HDMI高清接口　　两个USB 2.0接口
散热装置　　音频输入和输出接口

（b）笔记本计算机左侧面

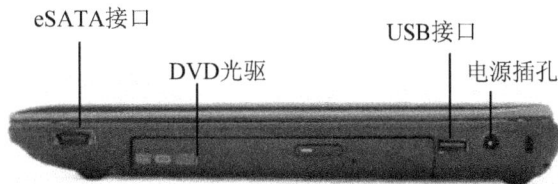

eSATA接口　　USB接口
DVD光驱　　电源插孔

（c）笔记本计算机右侧面

图9-1 笔记本计算机的外部结构

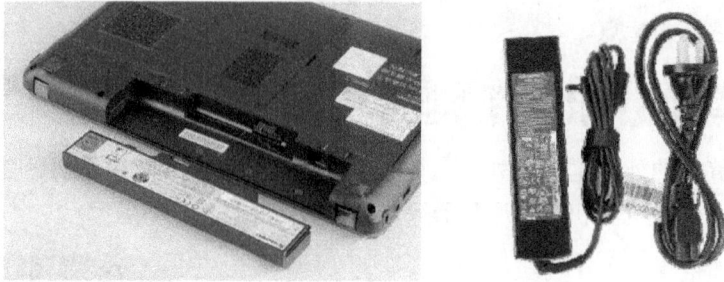

（d）外置电池和电源适配器

图9-1　笔记本计算机的外部结构（续）

1．外壳

外壳是笔记本计算机的显示屏、键盘等部件的载体，起着保护、美化笔记本计算机和散发硬件热量等方面的作用，如图9-1（a）所示。

2．显示屏

显示屏是笔记本计算机的标准输出设备，它分为LCD（Liquid Crystal Display，液态晶体显示屏）和LED（Light Emitting Diode，发光二极管）显示屏两种，LCD是笔记本计算机通用的显示设备，LED显示屏是新型的显示设备。LED在亮度、功耗、可视角度和刷新速率等方面，都更具优势。这两种不同的显示技术，颜色差别并不是很大，图9-1（a）所示为LED屏。

3．键盘

键盘是笔记本计算机的标准输入设备，如图9-1（a）所示。受到笔记本计算机体积的影响，键盘各键位之间的距离较小，一般笔记本计算机没有小数字键盘，如果需要可通过USB口，外接数字键盘。

4．触摸板

触摸板是笔记本计算机特有的"鼠标"，它与鼠标的功能相似。触摸板上方或下方的两个按键，相当于鼠标的左键或右键，如图9-1（a）所示。

5．摄像头

摄像头是笔记本计算机自身携带的一种视频输入设备，通常称内置摄像头，位于显示屏幕上方框的中间位置，如图9-1（a）所示。

6．麦克风

麦克风也是笔记本计算机自身携带的一种语音输入设备，通常也称为内置麦克风。大部分位于显示屏幕上方框中摄像头附近的位置，如图9-1（a）所示。

7．散热装置

散热装置是将CPU、硬盘和主板等硬件在工作时产生的热量及时散发出去的装置，起到保护计算机内部硬件的作用，通常位于笔记本计算机的左侧面，如图9-1（b）所示。

8. 外部接口

笔记本计算机的外部接口通常包括USB接口、VGA接口、HDMI、RJ-45接口、音频输入和输出接口等，通常位于笔记本计算机的左、右两个侧面，如图9-1（b）和图9-1（c）所示。

9. 外置电池

外置电池是笔记本计算机特有的硬件设备，主要为实现移动办公提供电力保障。目前，笔记本计算机使用的电池通常为外置锂（Li）电池，如图9-1（d）所示。在使用笔记本计算机时需要注意如下3个方面的问题。

首先，尽量使用外接电源，如图9-1（d）所示，同时要移走笔记本计算机中的电池。因为任何一种电池的充电次数都是有限的，每插一次外接电源就相当于给电池充电一次，无意中增加了电池的充电次数，从而减少了电池有效的使用次数。另外，一定要在电量低于1%的情况下再进行充电，这是避免记忆效应的最好方法；应每3个月进行一次电池电力校正，即先将电池电量充满，然后进行缓慢且匀速的放电，直到电量全部消失为止。这样可以充分激活电池内部所有蓄电因子，增加电池的使用寿命。

在笔记本计算机必须使用电池工作时，20～30℃为电池最适宜的工作温度，温度过高或过低的操作环境将降低电池的使用时间。

日常保管电池时，要防止电池曝晒、受潮和化学液体侵蚀，也要避免电池触点与金属物接触等情况的发生。

9.2.2 笔记本计算机的内部结构

笔记本计算机内部的主要硬件在功能上与台式计算机的基本相同，但它们在形态和接口等方面略有不同。

1. 主板

笔记本计算机的主板在功能上与台式计算机的主板完全相同，但两者的结构有很大差别。主板正面包括CPU插座、北桥芯片、南桥芯片（现在也有南桥和北桥集成在一起的芯片）、显卡芯片、显存、硬盘接口、内存插槽等，如图9-2（a）所示。主板的背面如图9-2（b）所示。不同笔记本计算机的主板在形状、尺寸上的差异也很大，组件的布置上更是千差万别。

2. CPU

笔记本计算机的CPU在功能和结构上与台式计算机的基本相同，目前主流的CPU为Intel公司生产的i3、i5和i7系列。安装时需要安装的部件有热管散热器、CPU和 CPU 风扇，如图9-3（a）所示。安装方法如图9-3所示。首先把CPU插座右侧的杠杆拉起，推到垂直的位置，把CPU对准CPU插座放入，将右侧的杠杆放回原位；接下来就是安装热管散热器，将热管散热器对准CPU，然后用螺丝刀拧紧螺丝，固定CPU；最后将风扇电源与主板上的电源接口连接好，再拧紧螺丝，固定风扇。

硬盘接口　　　　　　　显卡芯片　　4个显存颗粒

南桥芯片

CPU插座

内存插槽　　　　　　　　　　　　4个显存颗粒

（a）主板正面　　　　　　　　　　　　　　（b）主板背面

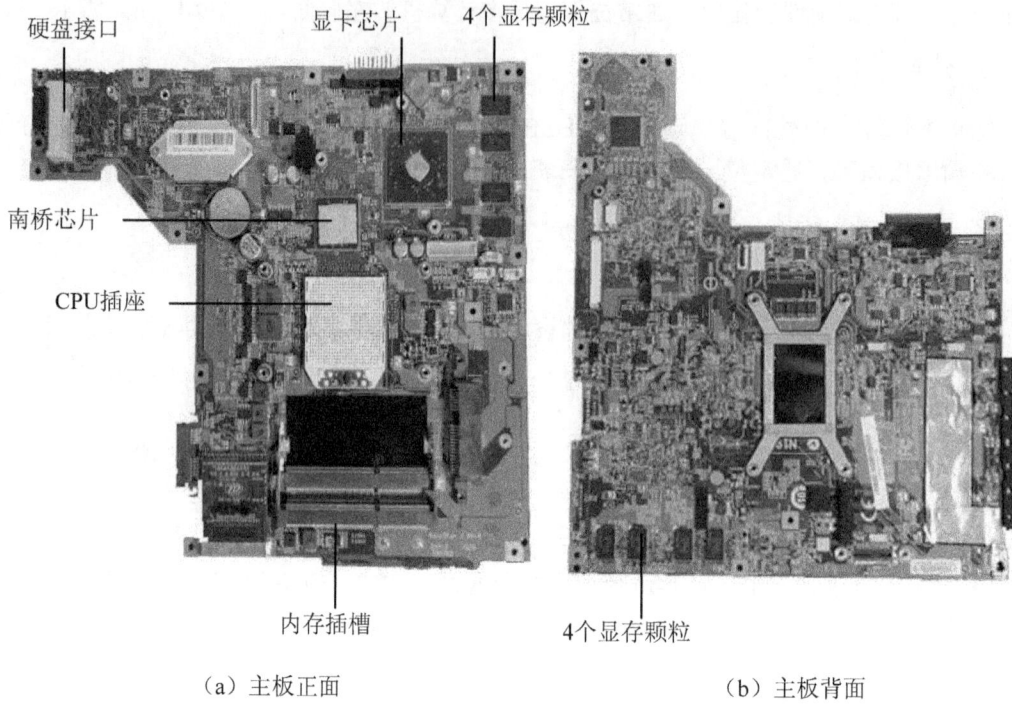

图9-2　笔记本计算机主板

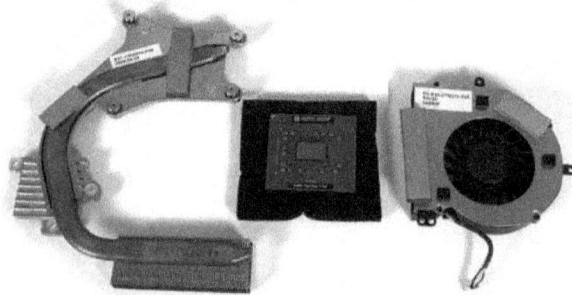

（a）热管散热器、CPU和CPU风扇

（b）拉杆拉起　　　　（c）对准CPU插座　　　　（d）右侧的杠杆放回原位

图9-3　CPU相关部件及安装过程

（e）固定热管散热器　　　　　（f）连接风扇电源　　　　　（g）螺丝旋紧，固定风扇

图9-3　CPU相关部件及安装过程（续）

3. 内存

笔记本计算机的内存也以内存条的形式存在，它的功能与台式计算机的相同，如图9-4（a）所示。目前标准配置的内存容量为2GB和4GB，也有高配的为8GB。个别笔记本计算机只提供了一个内存插槽，大部分提供两个内存插槽。这两个插槽的设计有所不同，有些笔记本计算机采用的是重叠式设计，如图9-4（b）所示，这种设计有利于升级，但不利于散热；有些笔记本计算机采用平铺对门式设计，如图9-4（c）所示，两条内存槽相对设计，既保证了计算机较小的厚度空间，也保证了较好的散热效果。

安装内存时，无论是哪种内存插槽设计方式，都需要呈45°夹角插入插槽，如图9-4（c）所示，然后轻轻往下按一下，它就会"啪"的一声轻响，被两边的弹簧卡扣卡住；如果没能听到，就很可能没安装好，需要重新安装一下。

（a）笔记本内存条

（b）重叠式插槽　　　　　　　　　　　（c）平铺对门式插槽

图9-4　笔记本计算机内存条、内存插槽及内存的安装

4. 硬盘

笔记本计算机硬盘的结构和工作原理与台式计算机的完全相同，目前主流硬盘的容量

为500GB。在安装笔记本硬盘时，需要把硬盘的数据针脚和电源针脚直接插入到主板的相应硬盘接口中，而不需要数据线和电源线连接，如图9-5所示。

图9-5　笔记本计算机硬盘接口及硬盘安装

5. 显卡和声卡

笔记本计算机的显卡和声卡通常为集成卡，它们的功能由主板上的显卡芯片和声卡芯片完成，如图9-2所示。目前也有独立显卡，需要可以安装独立显卡的主板支持。

6. 有线网卡、无线网卡和3G无线网卡

笔记本计算机的网卡分为有线网卡和无线网卡两种，它们都是集成在主板上的集成网卡。有线网卡的功能和接口与台式计算机的相同，通过RJ-45接口和网线把笔记本计算机连接到有线网络上。无线网卡是笔记本计算机特有的内置网络设备，配置了支持Wi-Fi（Wireless Fidelity，无线保真度）技术无线网卡的笔记本计算机，可以通过无线路由器或热点进行无线上网。

3G无线网卡也称为3G模块，利用中国移动、中国联通、中国电信的无线信号直接访问Internet。3G无线网卡分为内置与外置两种，内置3G无线网卡需要相应主板的支持，而且外壳要有插入SIM卡的插槽，如图9-6（a）和图9-6（b）所示。外置3G无线网卡如同U盘，通过USB口与计算机相连，SIM卡被插在外置3G无线网卡内，如图9-7所示。

（a）内置3G模块　　　　　　　　　　　　（b）外部SIM插槽

图9-6　内置3G模块与外部插槽

7. 光驱

笔记本计算机的光驱一般为DVD光驱，它的功能与台式计算机的相同。14in以上的笔记本计算机通常配有内置的弹出式或吸入式光驱，如图9-8（a）和图9-8（b）所示。尺寸较小的笔记本计算机通常不配置内置光驱，需要刻录光盘时，通过USB口连接外置光驱，如图9-9所示。

图 9-7　外置 3G 无线网卡

(a) 弹出式光驱   (b) 吸入式光驱

图9-8　内置光驱

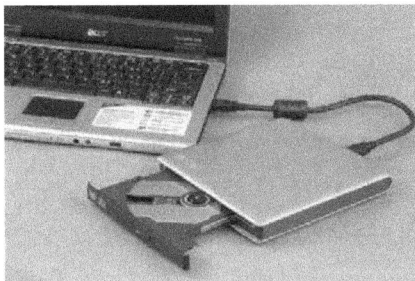

图9-9　外置光驱

9.3 笔记本计算机的性能指标与选购技巧

9.3.1　笔记本计算机的性能指标

笔记本计算机的性能指标主要由组成它的CPU、显卡和内存等硬件的性能所决定，这与台式计算机的相同。除此之外，衡量笔记本计算机的性能还应包括硬件的发热量和散热能力以及电池的续航能力。

9.3.2　笔记本计算机的选购技巧

在选购笔记本计算机时要注意以下4方面。

1. 做好需求分析

做好需求分析指根据用户的需要确定笔记本计算机的配置，然后按照实际预算确定购买的品牌，最后看好市场的行情决定选购时间。

2. 检验外包装与笔记本计算机的外观

通过检查外包装与认真观察笔记本计算机的外观，可以避免买到样机。如果包装箱发黄、发暗，说明这个箱子放了很久，里面的产品很可能是展示很长时间的样机；如果机器的顶盖有划痕或机器的I/O端口、电源插头以及电池接口有尘土或脏物，则这台计算机一定是样机。

另外，要检测包装箱上的产品序号与机箱内保修卡、笔记本计算机自身的序号是否一致。

3. 使用软件检查笔记本计算机的配置

HWiNFO 32是一款硬件信息和诊断软件，无须安装，可以直接使用。HWiNFO 32主要用于显示出处理器、主板及芯片组、接口、BIOS版本、内存等详细信息。

Nokia NTest是一款专用的显示器测试软件，能够查找LCD的坏点、偏色、聚焦不良等问题。不用安装，复制到硬盘里就可以直接使用，并且支持多个系统。

4. 索要保发票和填写保修卡

索要发票和填写保修卡是不可忽视的重要环节。发票是商家履行国家三包规定的唯一合法证明。当机器在三包规定期内出现问题，只有提供发票，才能享受到7天退还、15日内更换的服务。另外，在机器维修时，需要同时提供保修卡与发票来验证机器的合法性。

9.4 练习与应用

一、填空题

1. 笔记本计算机按用途可分为_____、_____、_____和_____ 4种类型。
2. 显示屏是笔记本计算机的标准输出设备，分为_____和_____显示屏两种。
3. 笔记本计算机内置光驱包括_____和_____两种。外置光驱一般采用_____接口。

二、简答题

1. 概述笔记本计算机的内部结构由哪几部分组成。
2. 概述笔记本计算机常用的外部接口有哪些。
3. 概述笔记本计算机与台式计算机在配置上的异同点有哪些。

三、应用题

1. 上机练习设置笔记本计算机网卡、显卡、声卡的方法。
2. 拆解旧笔记本计算机，观察各个硬件的结构特点。
3. 为不带光驱的笔记本计算机安装操作系统。

第10章

操作系统的安装

操作系统是计算机最基本的系统软件，控制着计算机的所有资源，并为应用程序的开发提供基础。组装好的计算机只有在安装操作系统后才能正常工作，有些已经安装操作系统的计算机在受到病毒攻击后，也要重新安装操作系统。目前个人计算机中常用的操作系统包括Windows操作系统和Linux操作系统，本章将讲解安装这两种操作系统的具体方法。

学习要点：

- 了解并掌握安装Windows XP、Windows 7和Linux操作系统的要求与方法。
- 理解安装双系统的含义和作用。

10.1 Windows操作系统

Windows操作系统是一款由美国微软公司开发的窗口化操作系统。采用了GUI图形化操作模式，比起从前的指令操作系统更为人性化。在Windows操作系统出现以前，个人计算机上广泛使用的是DOS操作系统，用户需要通过输入各种命令和计算机打交道，因此计算机的使用较为复杂，非专业技术人员很难操作。Windows操作系统诞生后，由于其直观而简单易懂的窗口化操作界面和鼠标点击方式，解决了以往非专业人员操作计算机难的问题。

微软公司的Windows操作系统随着计算机硬件和软件系统的不断升级，已从16bit、32bit升到目前的64bit，版本也从最初的Windows 1.0升到Windows 95/NT/97/98/2000/Me/XP/2003/Vista，再到Windows 7和Windows 8，可以说Windows操作系统是当前世界上使用最广泛的操作系统。目前个人计算机中常用的版本为Windows XP和Windows 7。

10.1.1 Windows XP操作系统的安装

1. 系统要求

安装Windows XP操作系统对计算机硬件的要求如下。

- CPU时钟频率为300MHz以上，推荐使用1GHz以上的处理器。
- 内存为128MB以上，推荐使用256MB以上。
- 硬盘为1.5GB以上可用磁盘空间，推荐4GB以上。
- 显卡为支持800×600（像素）或更高分辨率，推荐使用具有32MB以上显存的显卡。

- 其他设备为CD-ROM或DVD光驱、键盘和鼠标。

2. 准备工作

- 准备好Windows XP Professional简体中文版安装光盘。
- 记录产品密钥，即安装序列号。
- 如果计算机已经使用过，则备份磁盘中的重要数据。
- 极星在BIOS中设置最优先的磁盘引导顺序为从光驱启动。

3. 安装过程

Windows XP系统安装过程包括初始检测、磁盘分区、系统安装、系统设置4个阶段。在安装过程中，要时时注意各个界面的提示。

（1）初始检测阶段

▶**01** 将Windows XP安装光盘放入光驱，重启后进入启动光盘引导界面，如图10-1所示。快速在键盘上按任意一个键，在检测系统硬件后进入安装程序主界面，如图10-2所示。

图10-1　启动光盘引导界面

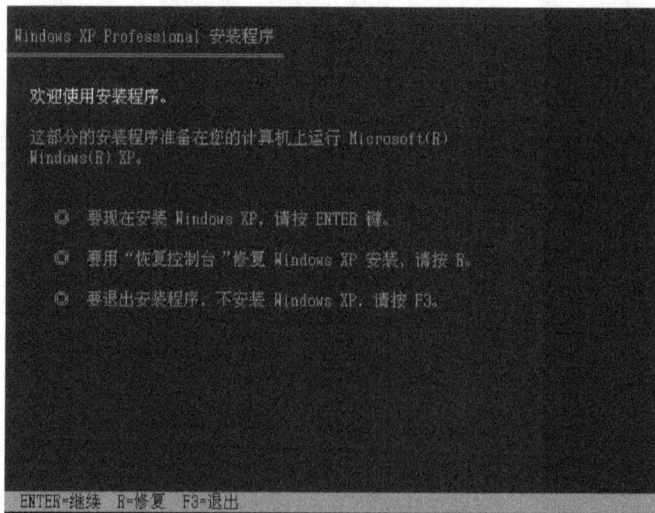

图10-2　安装程序主界面

▶**02** 从图10-2可以看出，如果要安装Windows XP，则在键盘上按Enter键，进入Windows XP许可协议界面，如图10-3所示。如果要修复已有的Windows XP系统，则按R键；如果要退出安装，则按F3键。

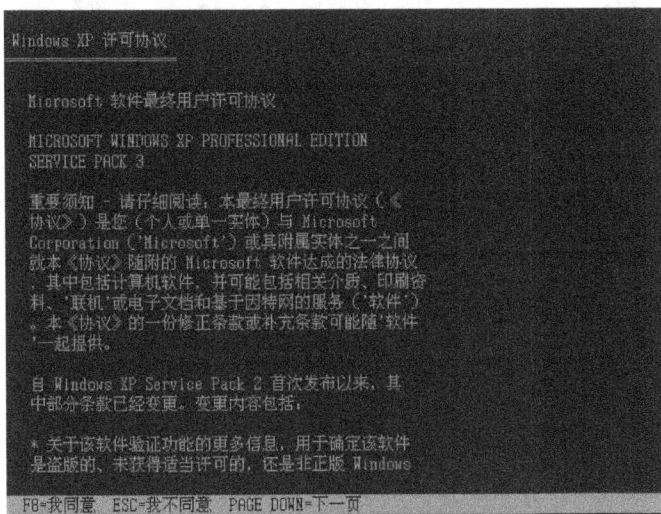

图10-3 Windows XP 许可协议界面

◉03 进入图10-3的界面后，在键盘上按F8键，初始检测阶段完成。如果计算机没有安装过任何操作系统，则进入磁盘分区阶段对磁盘进行分区，按F8键后进入创建磁盘分区界面，如图10-4所示。如果计算机中安装过操作系统，磁盘已经分好区，按F8键后进入选择安装界面，如图10-5所示。在键盘上按Esc键，跳过磁盘分区阶段，直接进入系统安装阶段。

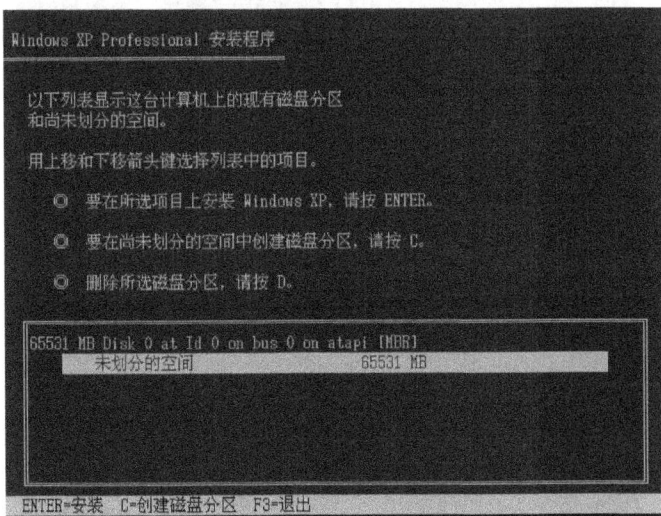

图10-4 创建磁盘分区界面

（2）磁盘分区阶段

◉01 图10-4显示磁盘还未分区，65531MB表示磁盘的总容量。

◉02 进入图10-4的界面后，在键盘上按C键，进入设置磁盘分区大小界面，如图10-6所示。

◉03 进入图10-6的界面后，在"创建磁盘分区大小"处输入划分空间的尺寸，在键盘上按Enter键，创建了磁盘的第一个分区，创建后进入如图10-7所示的界面。

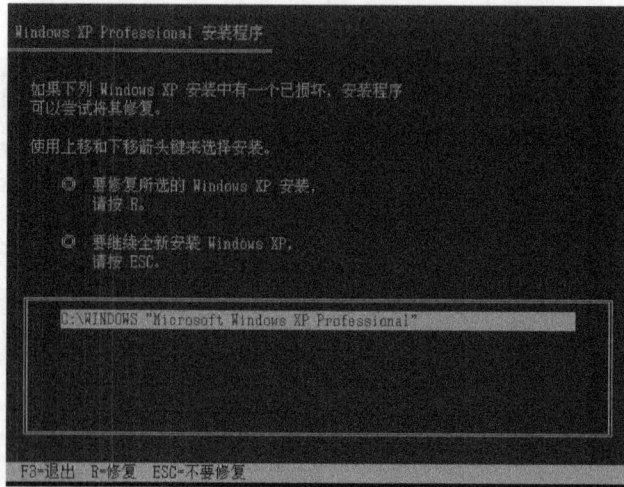

图10-5 选择安装界面

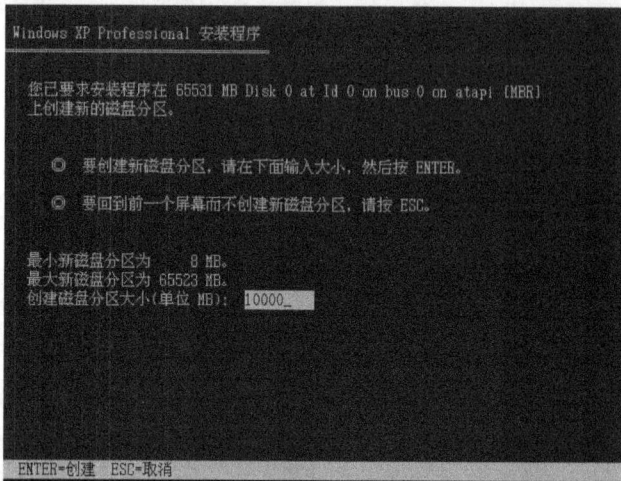

图10-6 设置磁盘分区大小界面

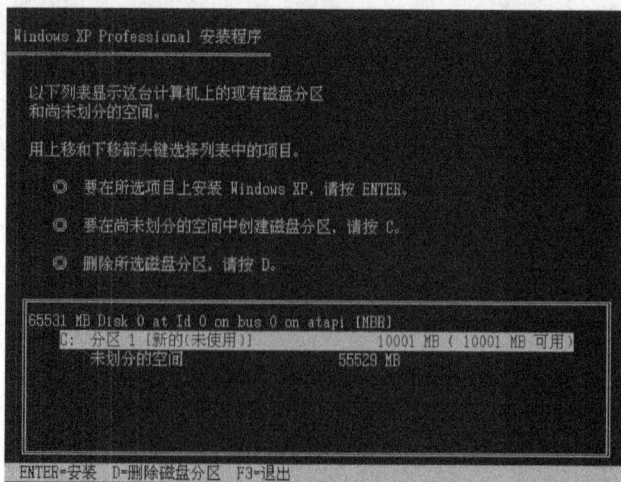

图10-7 创建第一个分区后的界面

●**04** 进入图10-7的界面后，按键盘上的↓方向键选择"未划分的空间"，重复步骤2~步骤3的操作创建所有磁盘分区，所有分区创建完成后的界面如图10-8所示。

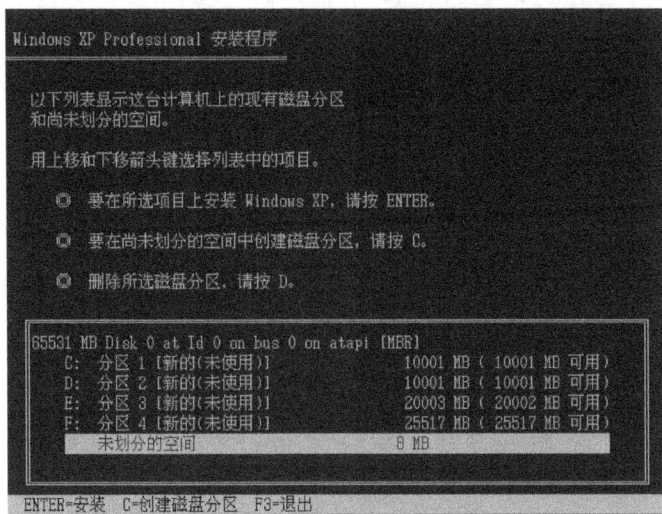

图10-8　分区创建完成界面

●**05** 进入图10-8的界面后，如果想要重新创建磁盘分区，可以先删除磁盘分区，按键盘上的↑或↓方向键，选中要删除的磁盘分区；按D键，进入确认删除磁盘分区界面，如图10-9所示。否则，磁盘分区阶段完成，进入系统安装阶段。

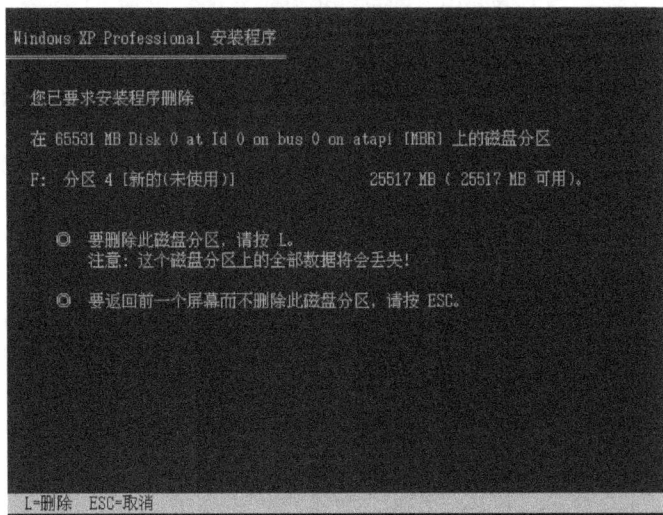

图10-9　确认删除磁盘分区界面

●**06** 进入图10-9的界面后，在键盘上按L键，确认删除（注意：删除磁盘分区将删除分区中的全部内容，请做好备份）。重复删除操作，将分区全部删除后，再按照步骤2~步骤3的操作，重新创建磁盘分区。

（3）系统安装阶段

●**01** 磁盘分区创建完成后，进入图10-8的界面，或者计算机中安装过操作系统，跳过磁盘分区阶段，进入原有磁盘分区界面，如图10-10所示。

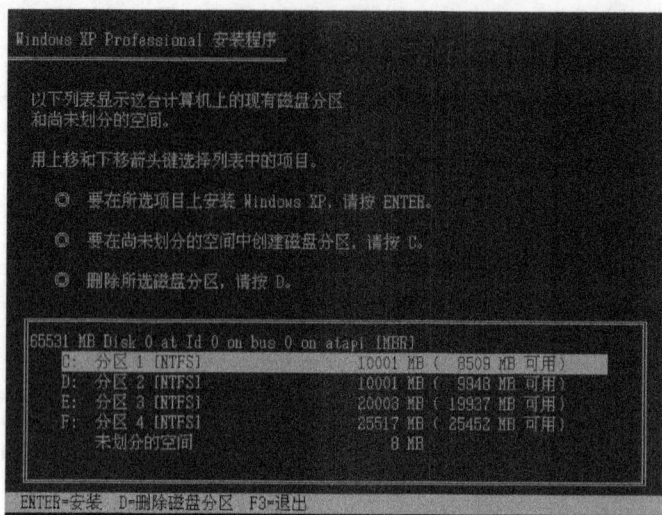

图10-10　原有磁盘分区界面

●**02** 按键盘上的↑或↓方向键，选择安装分区（建议使用C盘作为安装分区）；按Enter键，进入选择文件系统格式界面，如图10-11所示。

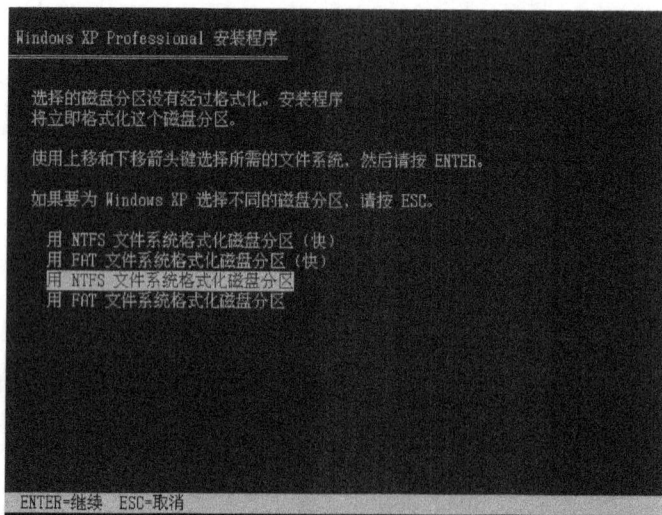

图10-11　选择文件系统格式界面

●**03** 按键盘上的↑或↓方向键，选择文件系统格式（建议选择"用NTFS文件系统格式化磁盘分区"），选择好后在键盘上按Enter键，进入格式化确认界面，如图10-12所示。

●**04** 在键盘上按F键格式化磁盘分区，进入正在格式化界面，如图10-13所示。

●**05** 格式化完成后，进入文件复制界面，如图10-14所示。

●**06** 文件复制完成后进入系统重启界面，重启后进入安装等待界面，如图10-15所示。界面上介绍了一些Windows XP操作系统的新特性，并会定时的更新界面。

●**07** 系统自动安装一段时间后，打开"区域和语言选项"对话框，如图10-16所示。

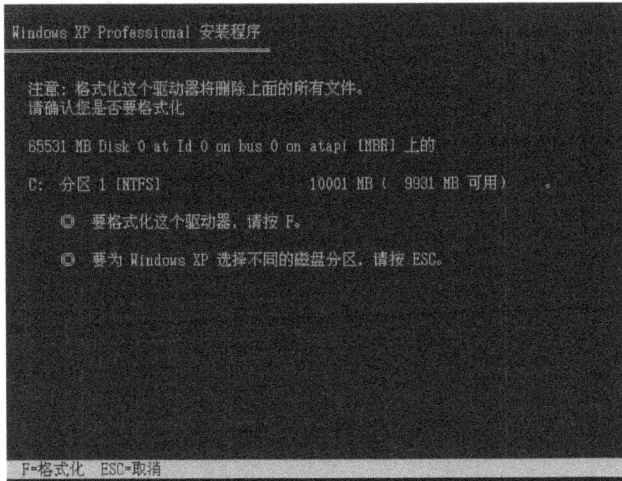

图10-12 格式化确认界面

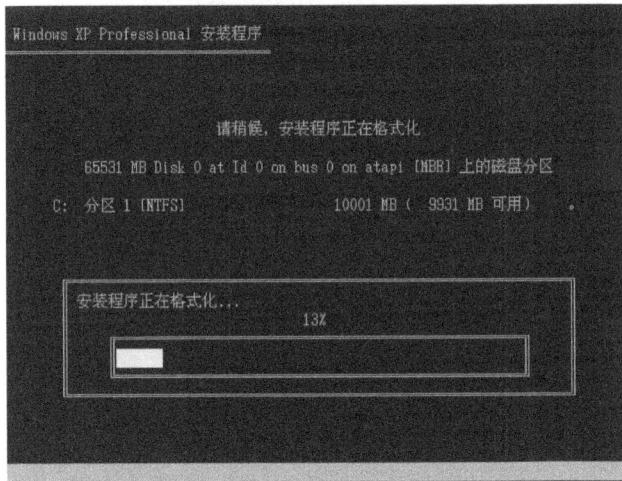

图10-13 正在格式化界面

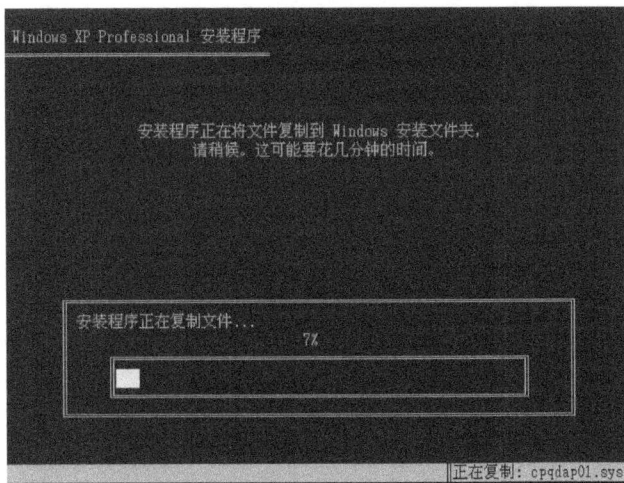

图10-14 文件复制界面

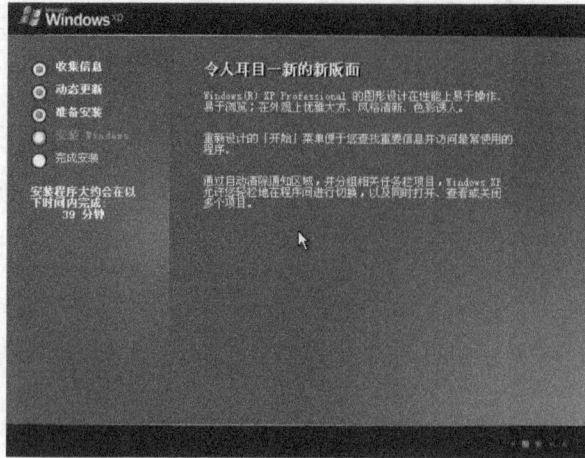

图10-15　安装等待界面

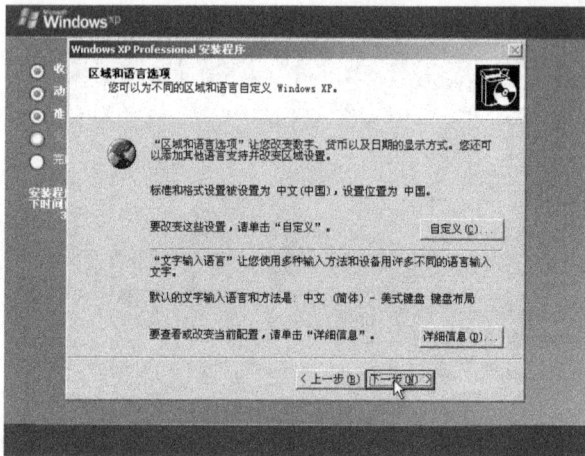

图10-16　"区域和语言选项"对话框

●08 单击"下一步"按钮继续安装，打开"自定义软件"对话框，如图10-17所示。

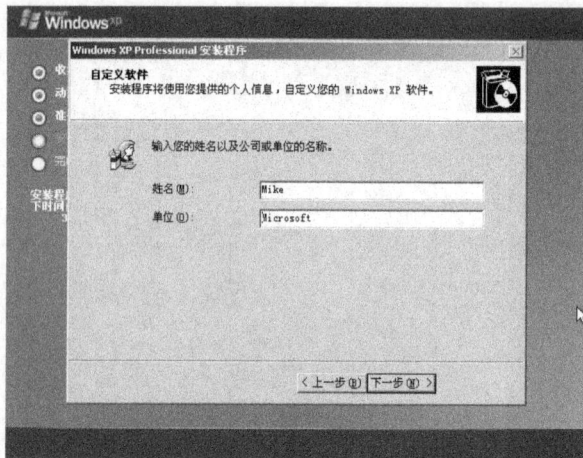

图10-17　"自定义软件"对话框

●**09** 在"姓名"和"单位"文本框中输入相应的信息（建议填写英文信息），单击"下一步"按钮继续安装，打开"您的产品密钥"对话框，如图10-18所示。

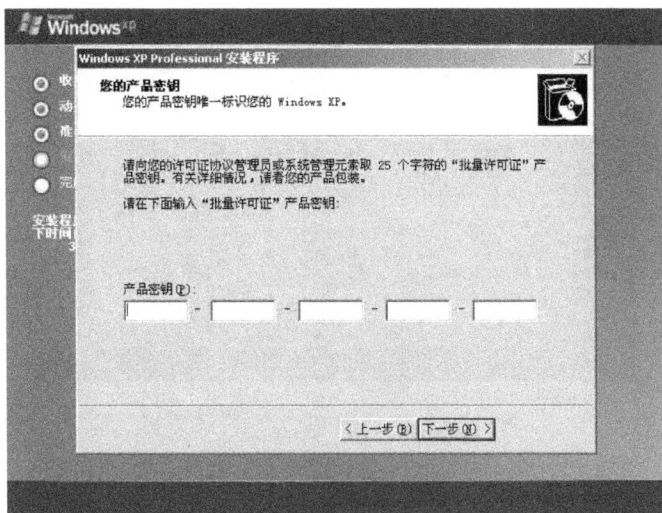

图10-18　"您的产品密钥"对话框

●**10** 在"产品密钥"文本框中输入准备阶段已经记录的产品密钥，单击"下一步"按钮继续安装，打开"计算机名和系统管理员密码"对话框，如图10-19所示。

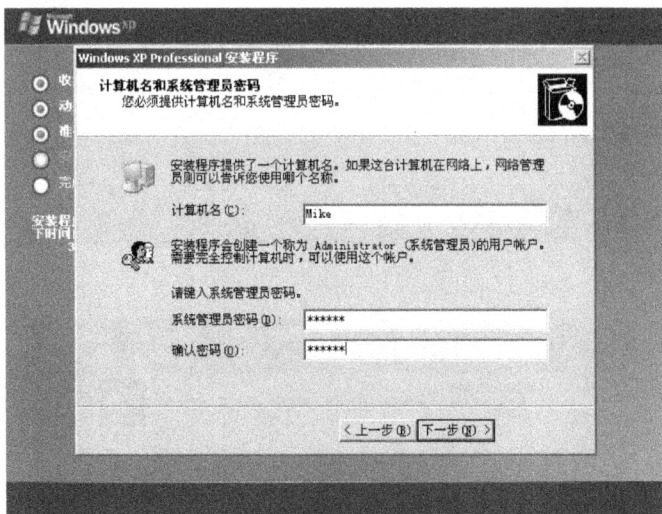

图10-19　"计算机名和系统管理员密码"对话框

●**11** 输入计算机名和系统管理员密码后，单击"下一步"按钮继续安装，打开"日期和时间设置"对话框，如图10-20所示。

●**12** 一般采用默认值，单击"下一步"按钮继续安装，一段时间后，打开"网络设置"对话框，如图10-21所示。

●**13** 选择"典型设置"单选按钮，单击"下一步"按钮继续安装，打开"工作组或计算机域"对话框，如图10-22所示。

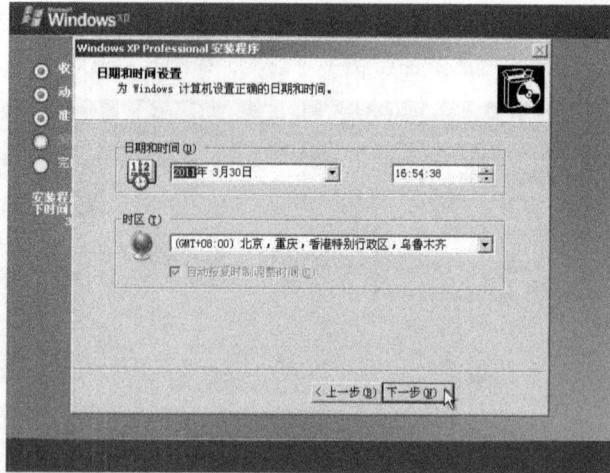

图10-20 "日期和时间设置"对话框

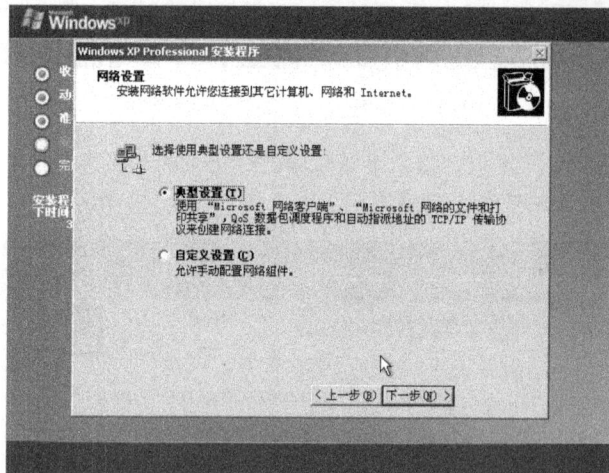

图10-21 "网络设置"对话框

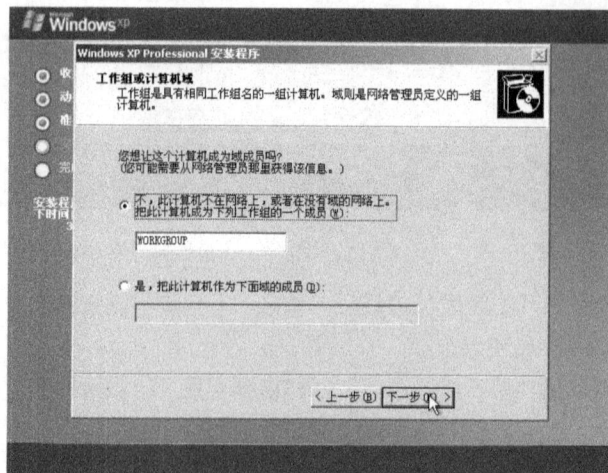

图10-22 "工作组或计算机域"对话框

●14 选择工作组模式（默认选择），单击"下一步"按钮继续安装，安装程序自动完成剩余安装任务。安装完成后自动重新启动，进入系统启动界面，如图10-23所示。系统重启后，进入Windows XP设置界面，如图10-24所示。

图10-23 系统启动界面

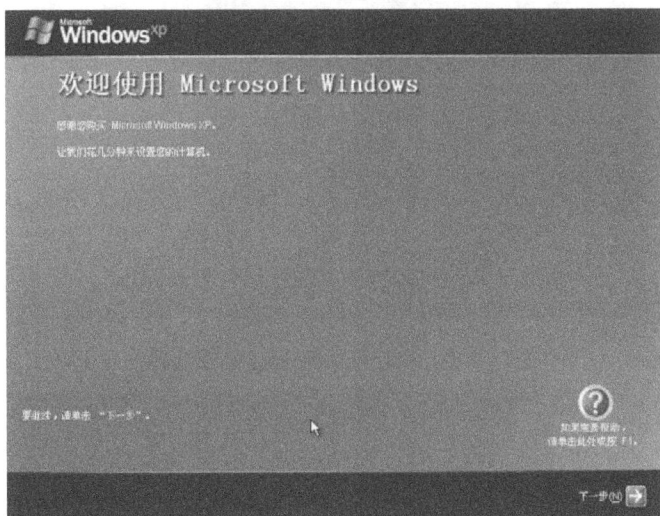

图10-24 Windows XP设置界面

（4）系统设置阶段

●01 进入图10-24的界面后，单击"下一步"按钮，进入"帮助保护您的电脑"界面，提示是否启用自动更新，如图10-25所示。

●02 选择"现在通过启用自动更新帮助保护我的电脑"单选按钮，单击"下一步"按钮，进入"这台计算机将直接连接到Internet还是要通过一个网络"界面，如图10-26所示。

●03 单击"跳过"按钮，进入"现在与Microsoft注册吗"界面，如图10-27所示。

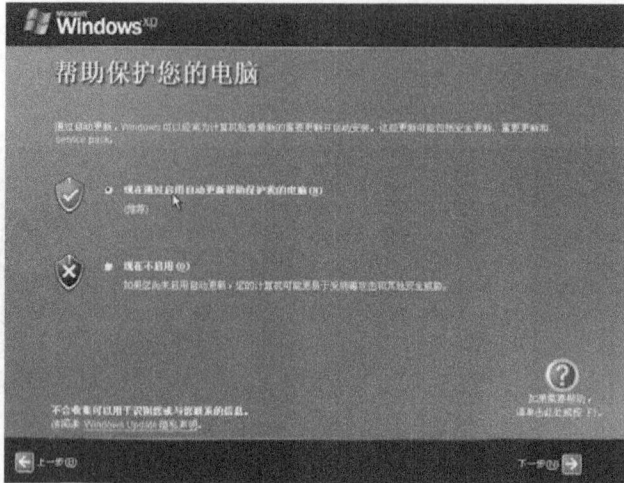

图10-25　"帮助保护您的电脑"界面

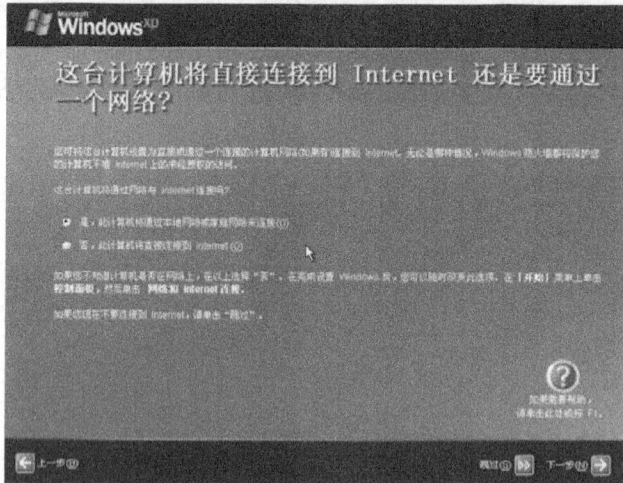

图10-26　"这台计算机将直接连接到Internetg还是要通过一个网络"界面

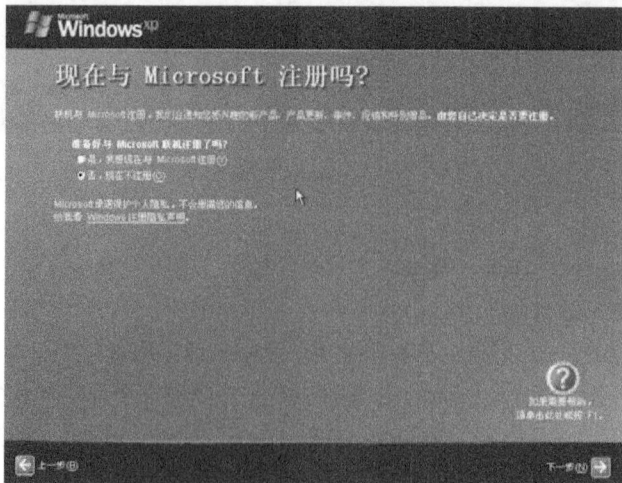

图10-27　"现在与Microsoft注册吗"界面

●**04** 选择"否，现在不注册"单选按钮，单击"下一步"按钮，进入设置计算机用户名
界面，如图10-28所示。

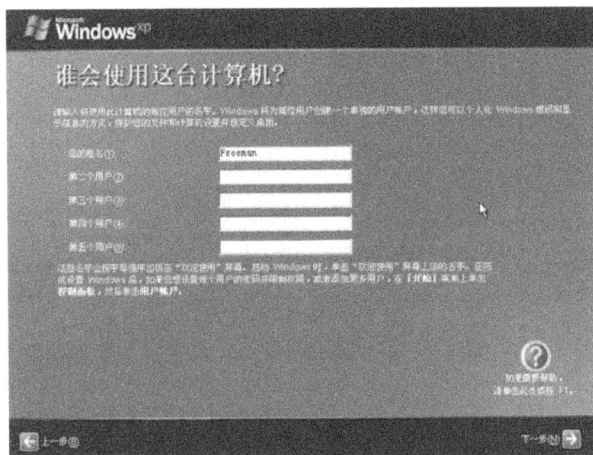

图10-28 设置计算机用户名界面

●**05** 输入用户名后，单击"下一步"按钮，进入系统设置完成界面，如图10-29所示。

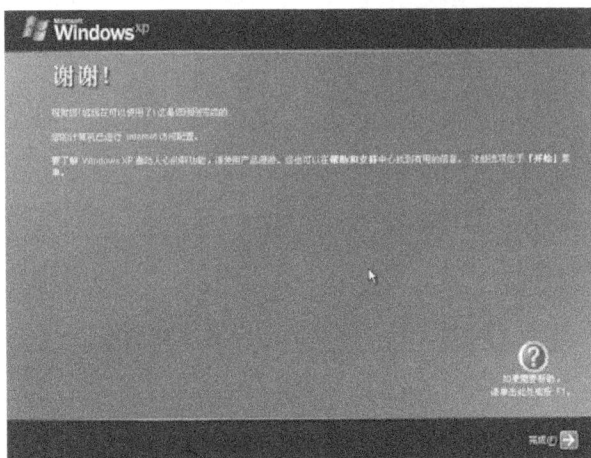

图10-29 系统设置完成界面

●**06** 单击"完成"按钮，系统自动设置后进入Windows XP系统桌面，如图10-30所示。

图10-30 Windows XP系统桌面

10.1.2 Windows 7操作系统的安装

1. 系统要求

安装Windows 7操作系统对计算机硬件的要求如下。

- CPU时钟频率为1GHz以上，推荐使用64bit双核以上等级的处理器。
- 内存为1GB以上，推荐使用2GB以上。
- 硬盘为12GB以上可用磁盘空间，推荐使用30GB以上。
- 显卡为64MB以上显存的显卡，推荐使用支持DirectX 10/Shader Model 4.0以上级别的独立显卡。
- 其他设备为DVD驱动器、键盘和鼠标。

2. 安装过程

01 将Windows 7安装光盘放入光驱，重启后进入启动光盘引导界面，快速在键盘上按任意一个键，安装程序文件加载完成后进入安装程序主界面，如图10-31所示。

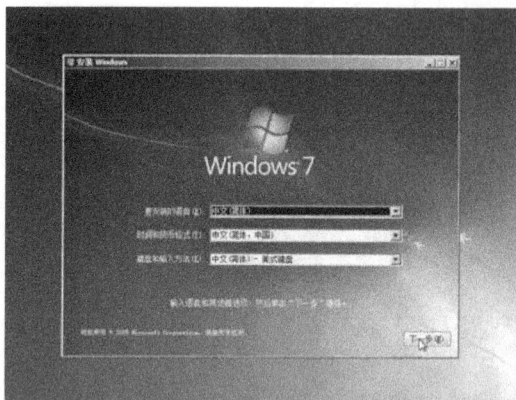

图10-31　安装程序主界面

02 进入图10-31的界面后，因为Windows 7安装光盘是简体中文的，所以这里全部选择默认值，单击"下一步"按钮，进入安装确认界面，如图10-32所示。

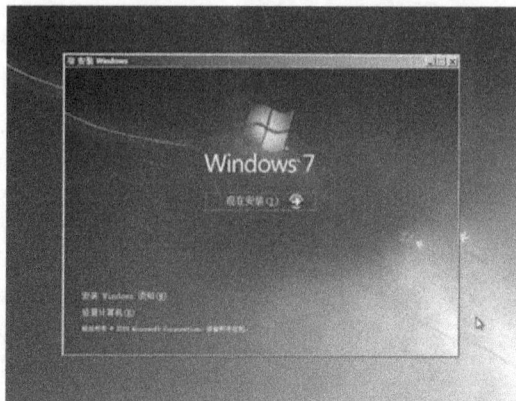

图10-32　安装确认界面

●**03** 单击"现在安装"按钮，首先出现安装协议条款，勾选"我接受许可条款"，单击"下一步"按钮，进入安装类型选择界面，选择"自定义(高级)"选项。如果计算机没有安装过任何操作系统，则进入磁盘分区界面，如图10-33所示。如果计算机中安装过操作系统，磁盘已经分好区，则进入选择安装分区界面，如图10-34所示。

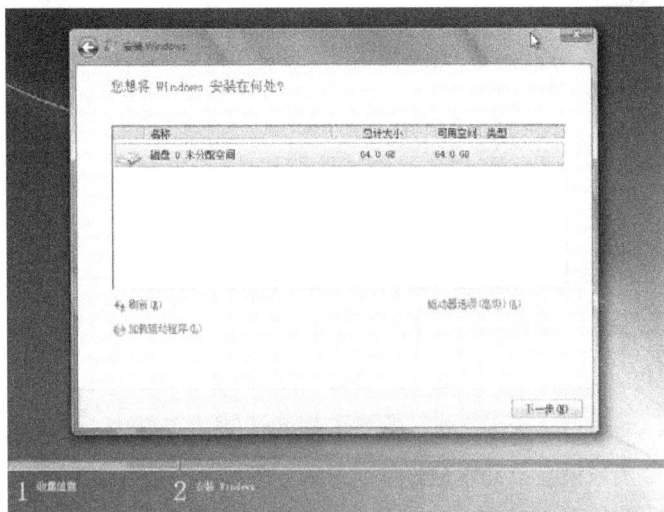

图10-33 磁盘分区界面

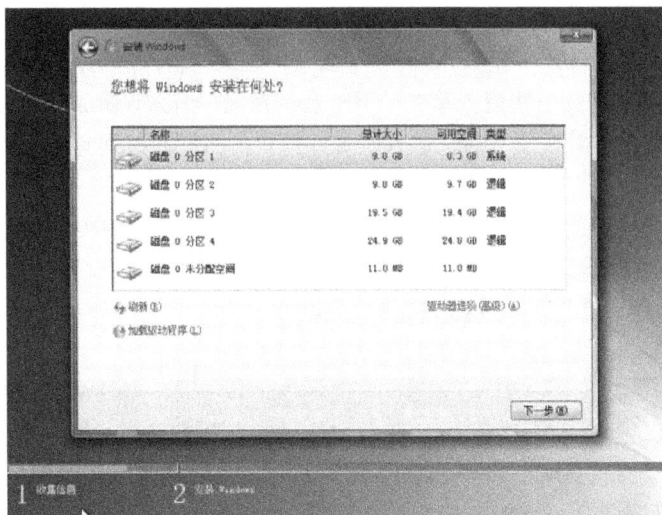

图10-34 选择安装分区界面

●**04** 如果要对硬盘进行分区或格式化操作，单击"驱动器选项（高级）"链接，进入磁盘分区维护界面，在此进行分区维护操作，如图10-35所示。在磁盘分区维护界面中，单击"删除"链接，可以删除选中的分区；单击"新建"链接，可以新建磁盘分区；单击"格式化"链接，可以格式化选中的分区。

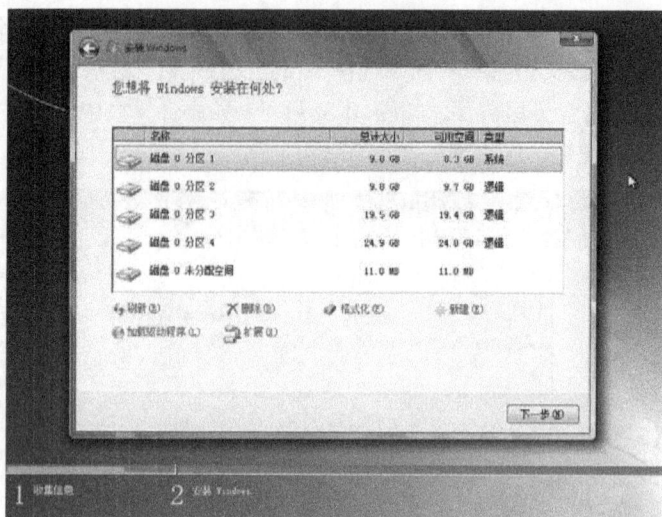

图10-35 磁盘分区维护界面

05 分区维护完成后，选择安装分区，单击"下一步"按钮，Windows 7开始安装。

06 安装完成后系统会自动重启，依次进入"安装程序正在更新注册表"、"安装程序正在启动服务"界面，然后再次重启，重启后安装程序为首次使用计算机做准备，进入配置用户名和计算机名称界面。

07 输入用户名和计算机名称后，单击"下一步"按钮，进入"为账户设置密码"界面。

08 为账户设置密码后，单击"下一步"按钮，进入"输入您的Windows产品密钥"界面。

09 输入正确的产品密钥后，单击"下一步"按钮，进入设置系统更新方式界面。

10 选择"使用推荐设置"后，进入设置计算机的日期和时间界面。

11 单击"下一步"按钮，进入设置网络位置界面。

12 设置网络位置，有家庭、工作和公用3个选项，其中家庭网络最宽松，公用网络最严格，根据自己的实际情况进行选择。选择后，依次进入"正在完成设置"、"正在准备桌面"和"欢迎"界面，最后进入Windows 7操作系统桌面。

10.2　Linux操作系统

Linux操作系统是目前全球最大的一款自由软件，具有完备的网络功能，且具有稳定、灵活和易用等特点。Linux最初是由芬兰人LinusTorvalds开发的，其源程序在Internet上公布以后，引起了全球计算机爱好者的开发热情，许多人下载该源程序并按自己的意愿完善某一方面的功能，再发回到网上，Linux也因此被雕琢成为一个全球最稳定、最有发展前景的操作系统。尽管目前基于Linux操作系统的应用软件还不是很多，但它有望成为在个人计算机中广泛应用的一款操作系统。目前，Linux操作系统的发行版本有很多，常用的发行版本为Red Hat Linux 9.0。

Red Hat Linux操作系统的安装要求及安装过程如下。

1. 系统要求

安装Red Hat Linux 9操作系统对计算机硬件的要求如下。

CPU时钟频率为300MHz以上，推荐使用1GHz以上的处理器。

内存为128MB以上，推荐使用256MB以上。

硬盘为2GB以上可用磁盘空间，推荐4GB以上磁盘空间。

显卡为支持800×600（像素）或更高分辨率，推荐使用32MB以上显存的显卡。

其他设备为CD-ROM或DVD驱动器，键盘和鼠标。

2. 安装过程

01 将第1张安装光盘放入光驱，重启后进入启动安装界面，如图10-36所示。

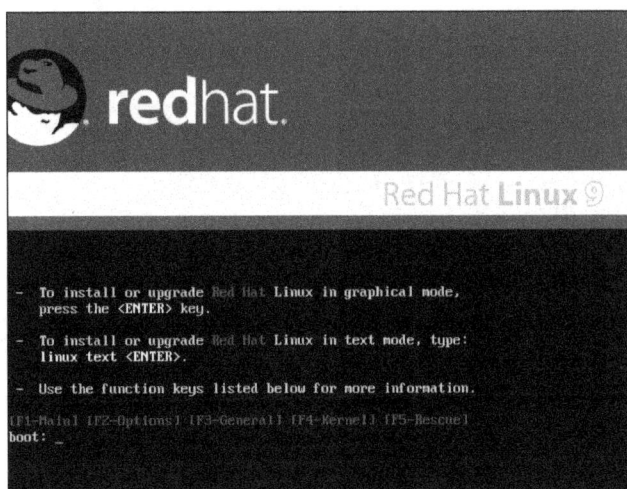

图10-36 启动安装界面

02 在键盘上按Enter键，进入检查光盘介质界面，如图10-37所示。

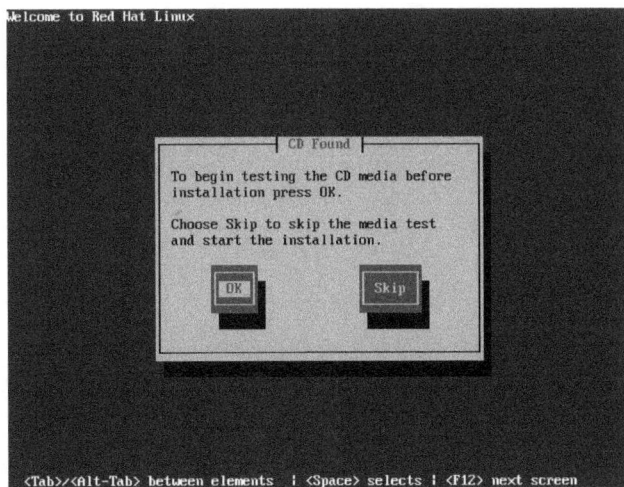

图10-37 检查光盘介质界面

●03 在键盘上按Tab键，将焦点移动到Skip按钮上，然后按Enter键，进入Red Hat安装欢迎界面，单击Next按钮，如图10-38所示。

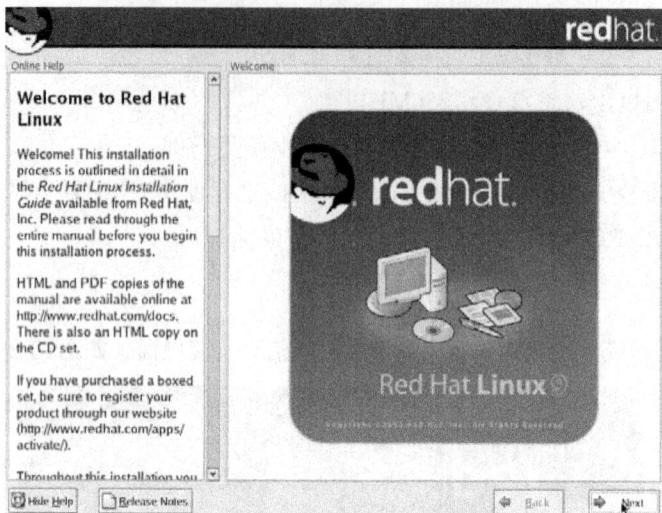

图10-38　Red Hat 安装欢迎界面

●04 进入语言选择界面，选择"Chinese(Simplified)(简体中文)"选项后，单击"下一步"按钮，如图10-39所示。

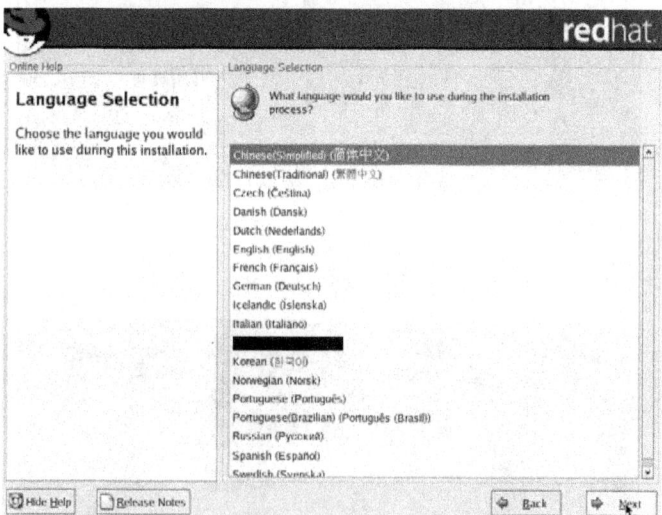

图10-39　语言选择界面

●05 进入"键盘配置"界面，选择U.S.English选项后，单击"下一步"按钮，如图10-40所示。

●06 进入"鼠标配置"界面，根据鼠标类型进行选择，单击"下一步"按钮，如图10-41所示。

●07 进入"安装类型"界面，选择"个人桌面"单选按钮，单击"下一步"按钮，如图10-42所示。

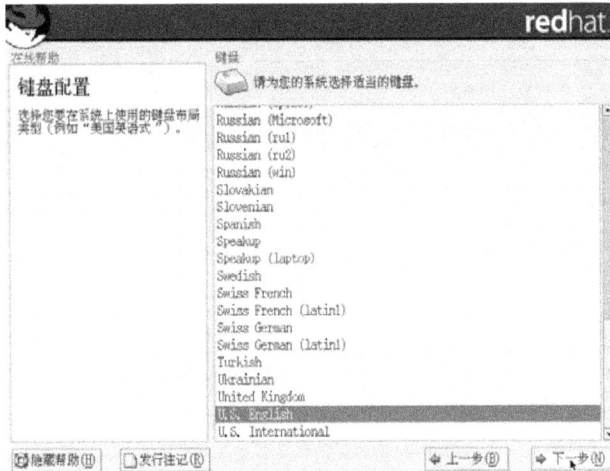

图10-40　"键盘配置"界面

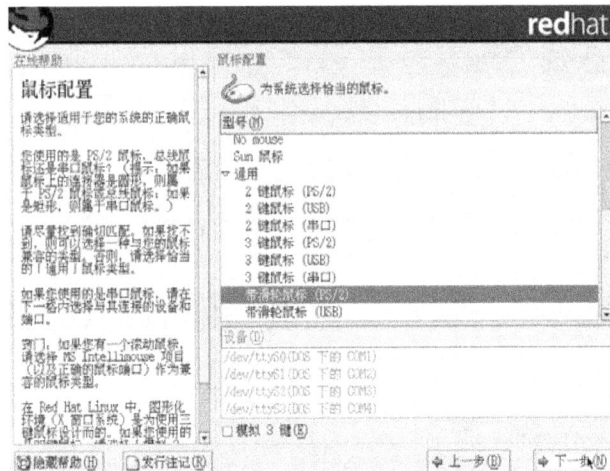

图10-41　"鼠标配置"界面

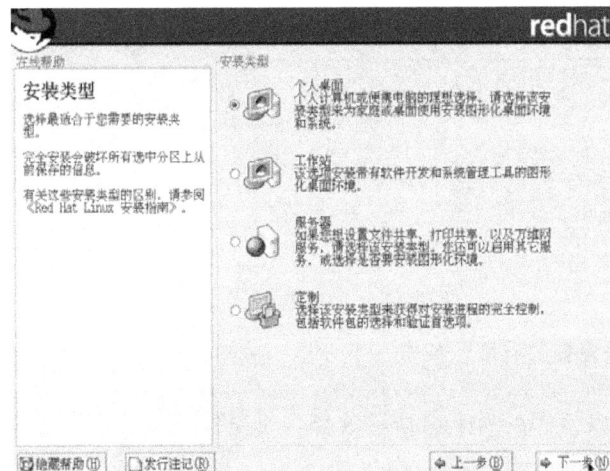

图10-42　"安装类型"界面

08 进入"磁盘分区设置"界面，选择"自动分区"单选按钮，单击"下一步"按钮，如图10-43所示。

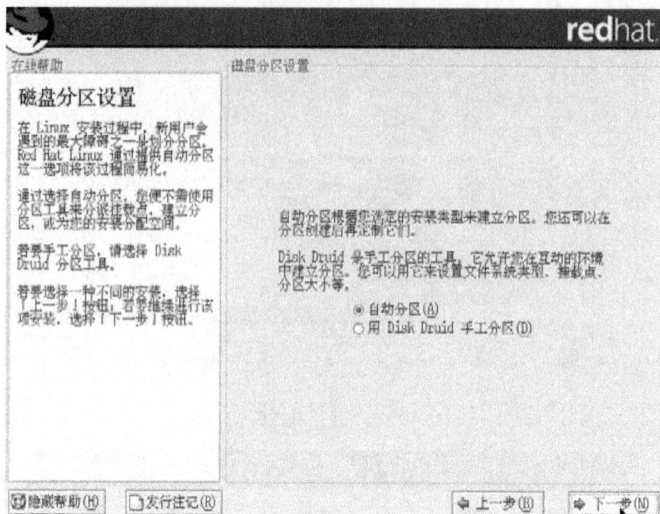

图10-43　"磁盘分区设置"界面

09 进入"自动分区"界面，选择"删除系统内的所有分区"单选按钮，选中"评审（并按需要修改）创建的分区"复选框，单击"下一步"按钮，如图10-44所示，系统将自动划分各分区空间。

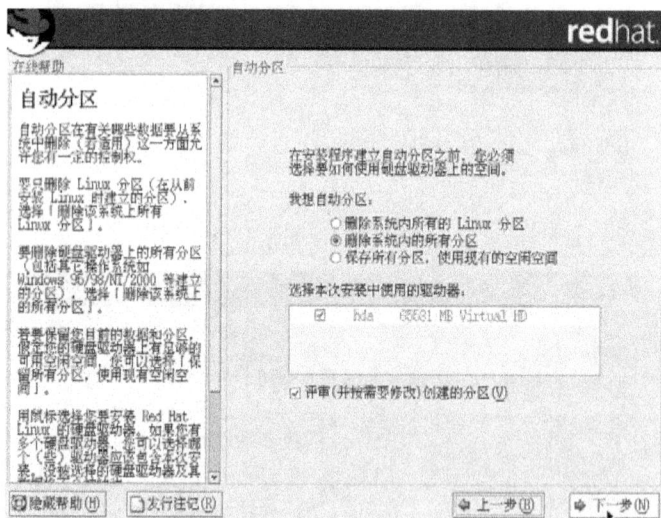

图10-44　"自动分区"界面

10 进入"磁盘设置"界面，单击"下一步"按钮，如图10-45所示。

> **注意** 此操作将删除硬盘上的所有数据，适合只想安装Linux单操作系统，并且磁盘上的有用数据已经全部备份的用户。

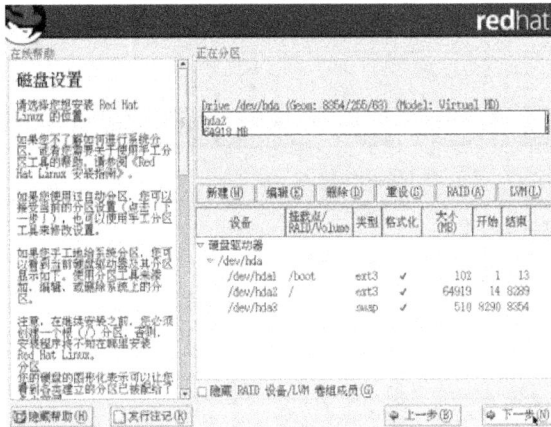

图10-45 自动分区后的界面

●**11** 进入"引导装载程序配置"界面，选择Red Hat Linux选项，单击"下一步"按钮，如图10-46所示。

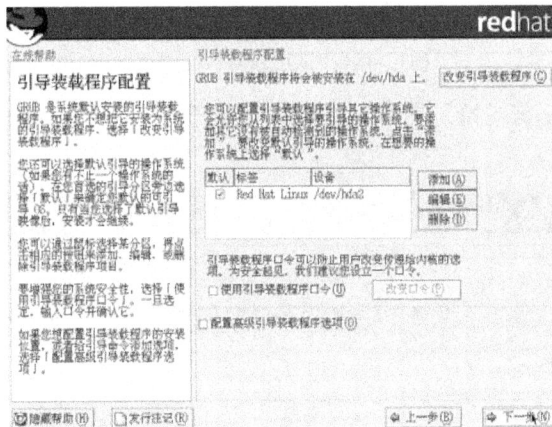

图10-46 "引导装载程序配置"界面

●**12** 进入"网络配置"界面，单击"下一步"按钮，如图10-47所示。

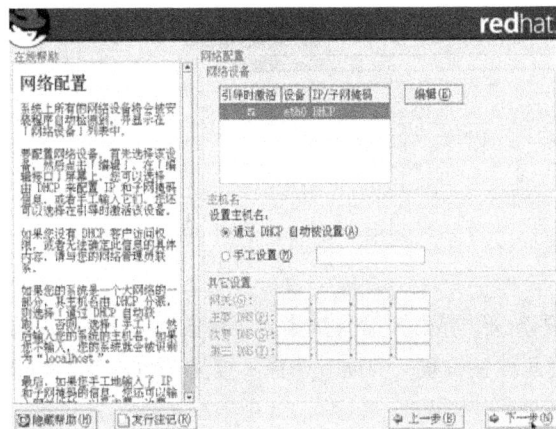

图10-47 "网络配置"界面

▶**13** 进入"防火墙设置"界面，此处保持默认选择即可，单击"下一步"按钮，如图10-48所示。

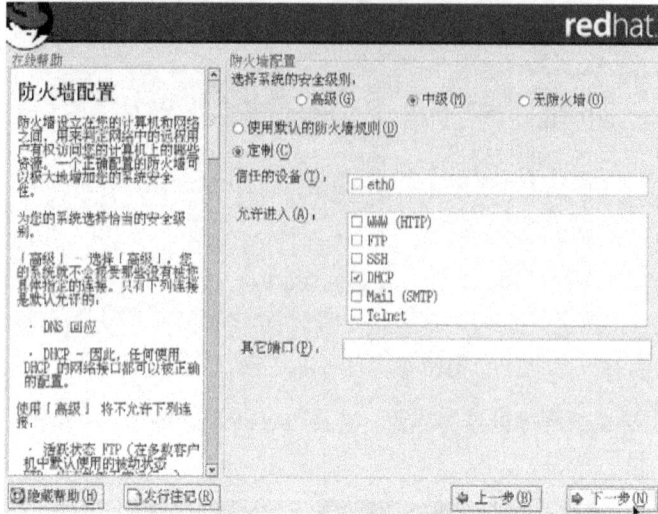

图10-48　"防火墙设置"界面

▶**14** 进入"附加语言支持"界面，选择Chinese选项，单击"下一步"按钮，如图10-49所示。

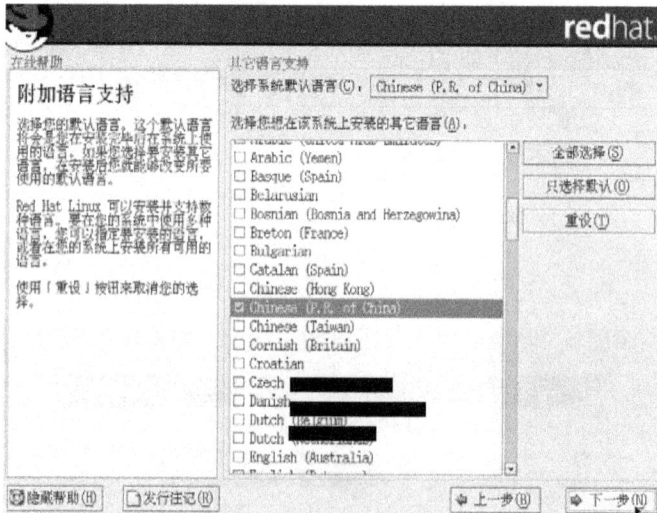

图10-49　"附加语言支持"界面

▶**15** 进入"时区选择"界面，选择"亚洲/上海"选项，单击"下一步"按钮，如图10-50所示。

▶**16** 进入"设置根口令"界面，输入口令后，单击"下一步"按钮，如图10-51所示。

▶**17** 进入"个人桌面默认设置"界面，选择"接受当前软件包列表"单选按钮，单击"下一步"按钮，如图10-52所示。

图10-50　"时区选择"界面

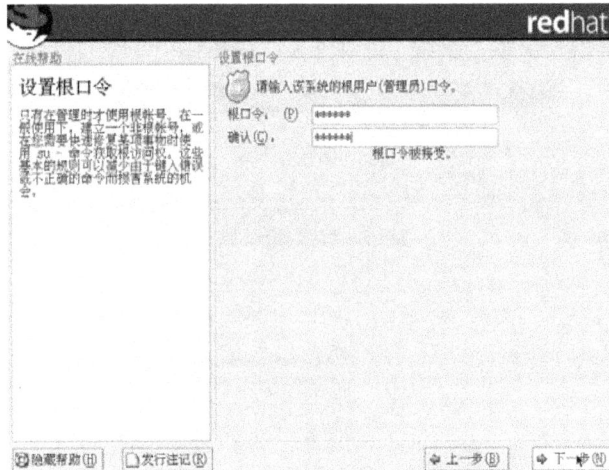

图10-51　"设置根口令"界面

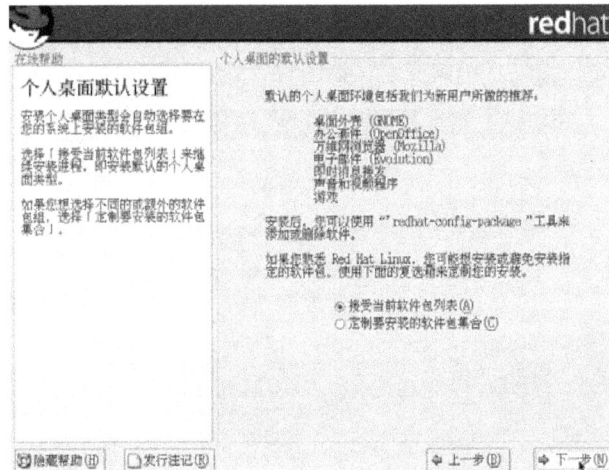

图10-52　"个人桌面默认设置"界面

▶**18** 进入"即将安装"界面，单击"下一步"按钮，开始安装，如图10-53所示。

图10-53 "即将安装"界面

▶**19** 等待一段时间后，打开"更换光盘"界面，提示"请插入第2张光盘后再继续"，更换第2张安装盘后，单击"确定"按钮，继续安装，如图10-54所示。

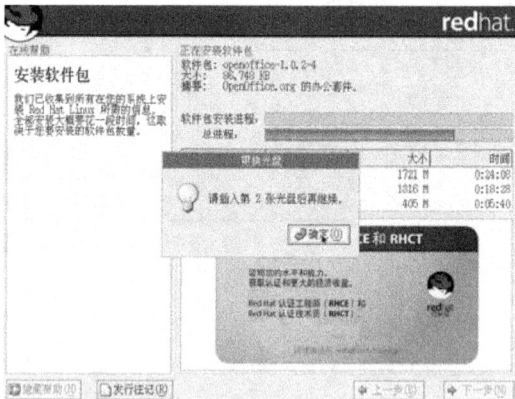

图10-54 提示"请插入第2张光盘后再继续"界面

▶**20** 等待一段时间后，打开的界面提示"请插入第3张光盘后再继续"界面，更换第3张安装盘后，单击"确定"按钮，继续安装，如图10-55所示。

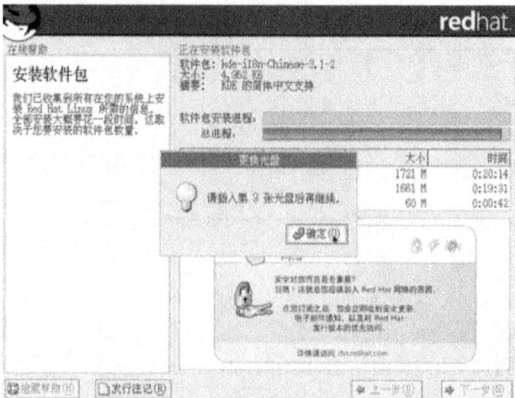

图10-55 提示"请插入第3张光盘后再继续"界面

●21 完成后进入"创建引导盘"界面，选择"否，我不想创建引导盘"单选按钮，单击"下一步"按钮，如图10-56所示。

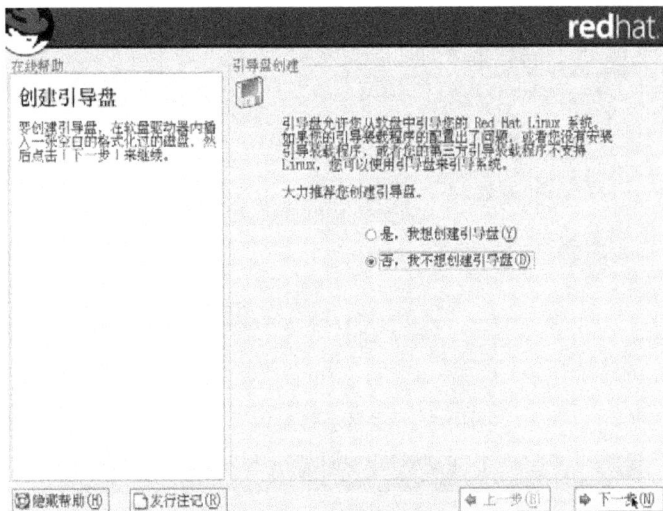

图10-56　"创建引导盘"界面

●22 进入"图形化界面（X）配置"界面，如图10-57所示。

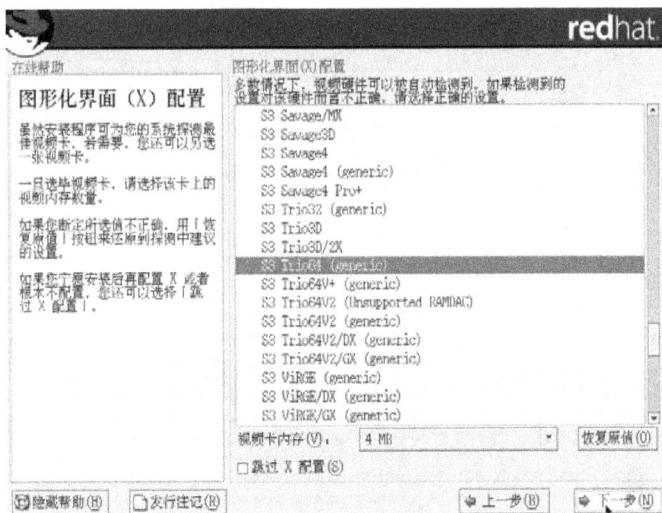

图10-57　"图形化界面（X）配置"界面

●23 核对安装程序检测到的显卡型号与你的真实显卡型号是否相同，如果不同请正确选择，然后单击"下一步"按钮，进入"显示器配置"界面，如图10-58所示。

●24 核对安装程序检测到的显示器型号与你的真实显示器型号是否相同，如果不同请正确选择，然后单击"下一步"按钮，进入"定制图形化配置"界面，选择适当的色彩深度和屏幕分辨率，单击"下一步"按钮，如图10-59所示。

●25 进入安装已完成界面，取出安装光盘，单击"退出"按钮，完成安装，如图10-60所示。

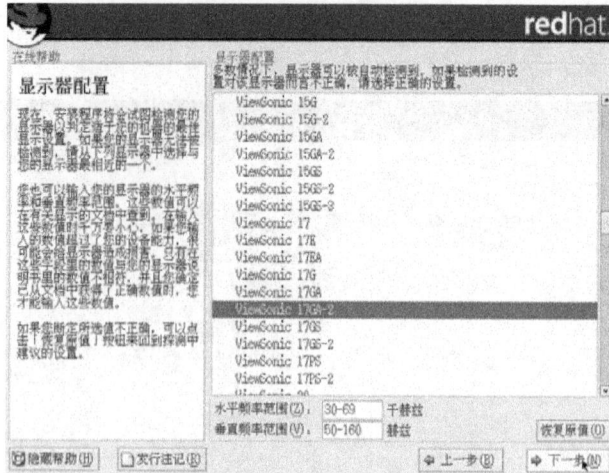

图10-58 "显示器配置"界面

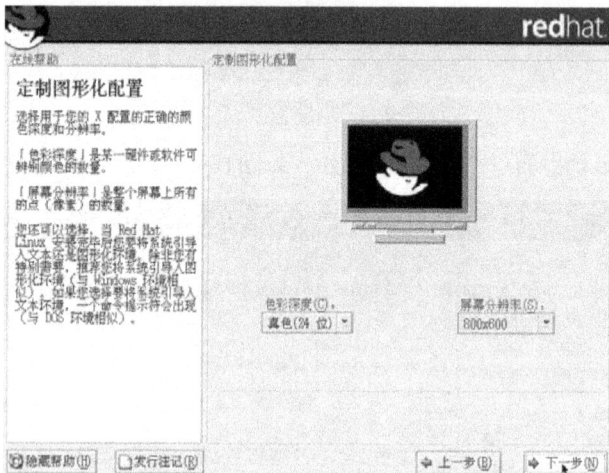

图10-59 "定制图形化配置"界面

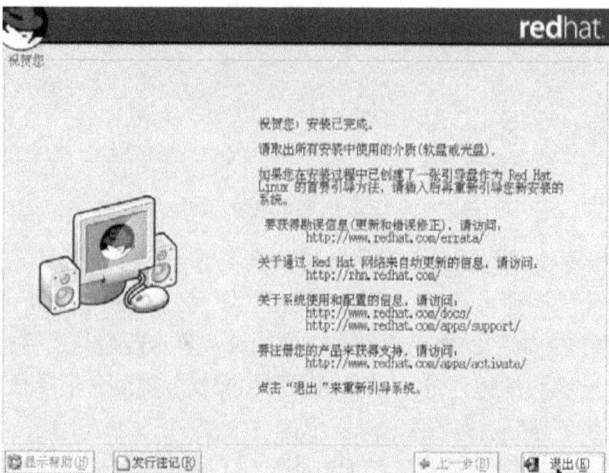

图10-60 "安装已完成"界面

●26 计算机将重新启动，重启后运行引导装载程序GRUB，如图10-61所示。

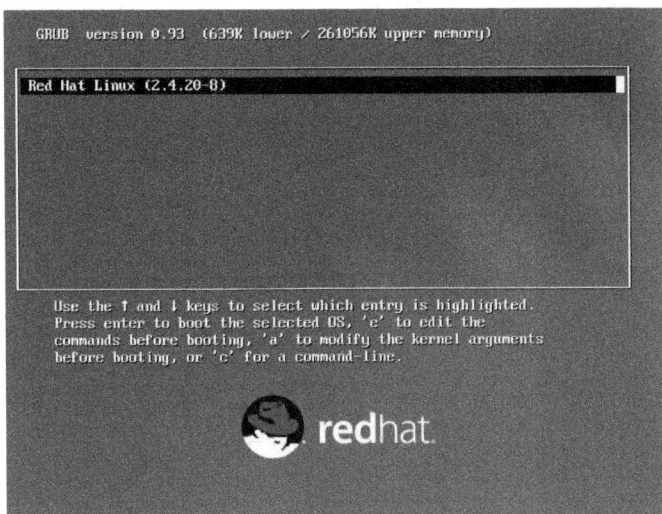

图10-61　引导装载程序GRUB

●27 在键盘上按Enter键，启动Red Hat Linux系统，首次启动系统将进入"欢迎"界面，单击"前进"按钮，如图10-62所示。

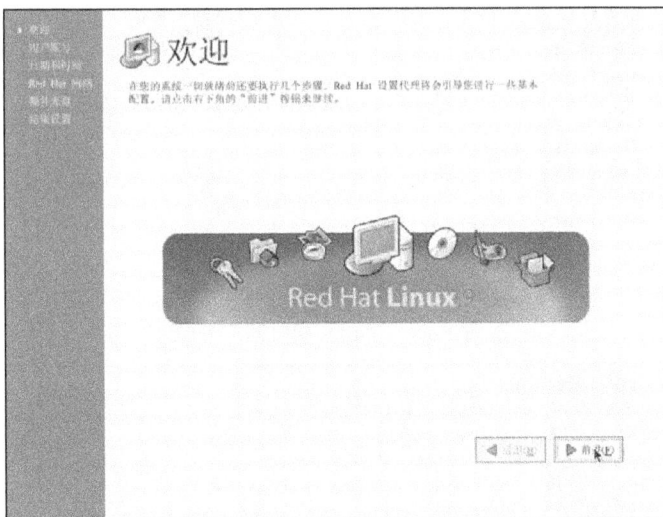

图10-62　"欢迎"界面

●28 进入"用户账号"界面，正确输入用户名、口令和确认口令后，单击"前进"按钮，如图10-63所示。

●29 进入"日期和时间"界面，如图10-64所示。

●30 设置好日期和时间后，单击"前进"按钮，进入"Red Hat网络"界面，选择"否，我不想注册我的系统"单选按钮后，单击"前进"按钮，如图10-65所示。

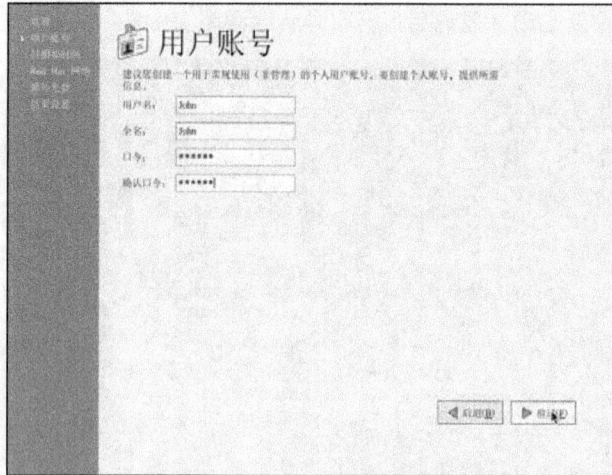

图10-63 "用户账号"界面

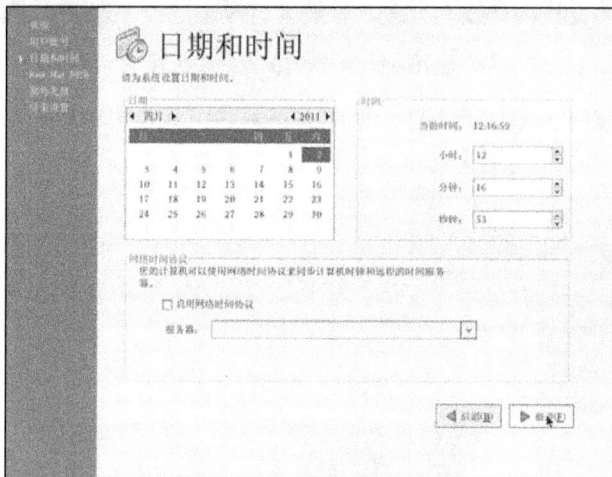

图10-64 "日期和时间"界面

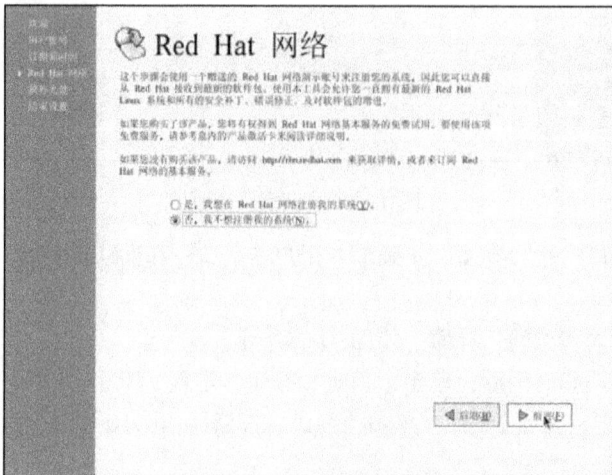

图10-65 "Red Hat网络"界面

▶**31** 进入"额外光盘"界面，单击"前进"按钮，如图10-66所示。

图10-66　"额外光盘"界面

▶**32** 进入"结束设置"界面，单击"前进"按钮，如图10-67所示。

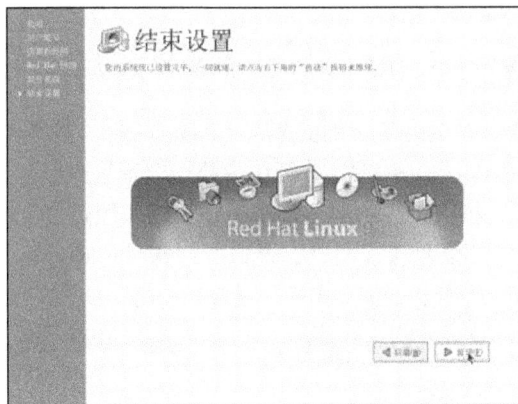

图10-67　"结束设置"界面

▶**33** 进入系统欢迎界面，分别输入"用户名"和"密码"后，进入系统的图形界面，如图10-68所示。至此，安装过程全部完成。

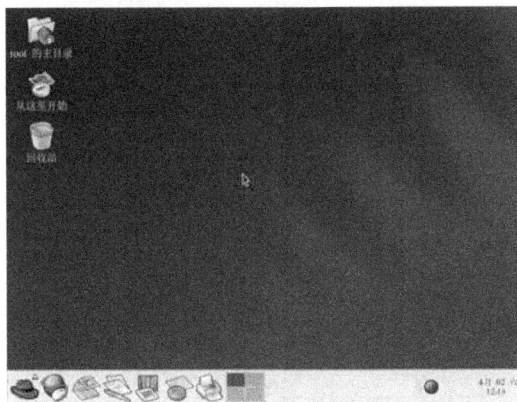

图10-68　系统的图形界面

10.3　Windows和Linux双操作系统

10.3.1　Windows和Linux双操作系统的意义

目前，Linux操作系统以其优异的性能、安全的机制、低廉的价格得到越来越多用户的认可。Linux操作系统在网络上的应用几乎是十全十美的，并且得到了Oracle、Sybase等大公司的支持，在网络服务器的市场上占有相当大的优势。但对于个人用户来说，Linux操作系统的易用性暂且不是很好，与Windows操作系统相比还有不小的差距。虽然Linux操作系统中也类似于Windows操作系统的KDE、GNOME，也有和Microsoft Office类似的StarOffice，可用起来总是不如Windows操作系统下的软件方便。Windows操作系统下的软件、游戏以及开发工具也比Linux操作系统下的丰富得多。因此，我们常常希望在应用Linux操作系统的同时也不抛弃Windows操作系统，并且要求两者能和平共处，互不干扰。在这个前提下，我们就需要安装Windows和Linux双操作系统。

10.3.2　Windows和Linux双操作系统的安装

▶01 按照第10.1.1小节中的方法正确安装Windows XP操作系统。

▶02 安装完成后，在Windows XP操作系统中找一个系统分区（安装Windows XP的分区）外的容量大于4GB的分区，将该分区中的全部文件备份到其他磁盘分区。

▶03 运行系统自带的"磁盘管理器"。选择"开始"→"运行"命令，在打开的对话框中输入diskmgmt.msc，然后按Enter键，打开"磁盘管理器"窗口，如图10-69所示。

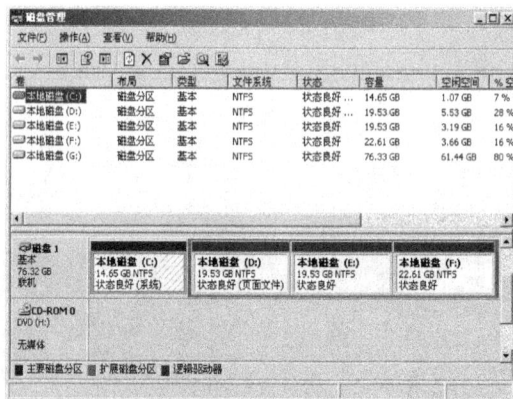

图10-69　磁盘管理器

▶04 在磁盘管理器中选中刚才选择的磁盘分区，单击鼠标右键，在打开的快捷菜单中选择"删除逻辑驱动器"命令，如图10-70所示。

▶05 弹出确认对话框，单击"是"按钮，删除磁盘分区。

▶06 安装Red Hat Linux系统。进入"自动分区"界面，如图10-44所示。

▶07 此处选择"保存所有分区，使用现有的空闲空间"单选按钮，单击"下一步"按钮，系统将在空闲空间中为Linux系统划分分区。继续安装后，进入"引导装载程序配置"界面，选中DOS选项，单击"编辑"按钮，如图10-71所示。

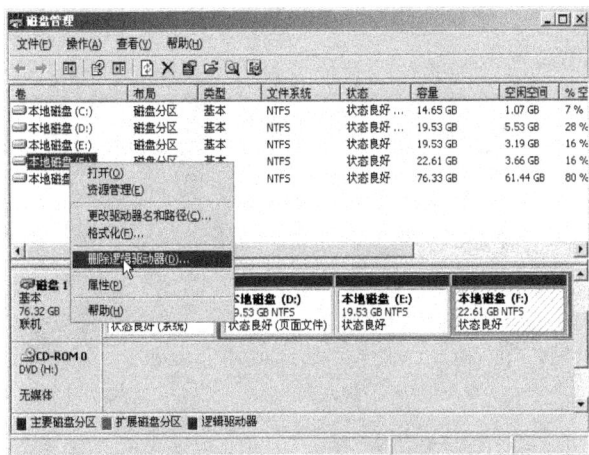

图10-70 选择"删除逻辑驱动器"命令

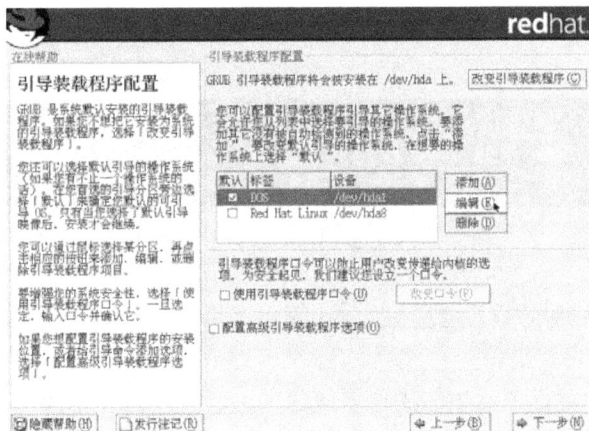

图10-71 "引导装载程序配置"界面

●08 在弹出的界面中将DOS改为Windows XP，如图10-72所示。

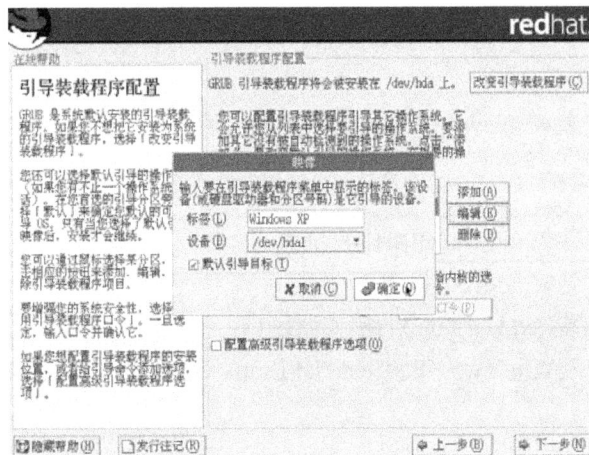

图10-72 修改标签界面

●09 单击"确定"按钮，返回到"引导装载程序配置"界面，选择默认引导系统后，按照10.2节中的方法完成安装。安装完成后，系统启动时会出现启动引导界面，在此处选择要启动的操作系统，如图10-73所示。

图10-73　启动引导界面

10.4　练习与应用

一、填空题

1. 组装好的计算机只有在_____后才能正常工作，有些已经安装操作系统的计算机在受到病毒攻击后，也要重新_____。

2. 目前，个人计算机中常用的操作系统包括_____操作系统和_____操作系统。

3. 在Windows操作系统出现以前，个人计算机上广泛使用的是_____操作系统。

4. Windows XP操作系统的安装过程包括_____、_____、_____、_____ 4个阶段。

二、简答题

1. 简述Linux操作系统的特点。

2. 个人计算机安装Windows和Linux双操作系统的意义。

三、应用题

1. 在计算机中安装Windows XP操作系统。

2. 在计算机中安装Windows 7操作系统。

3. 在计算机中安装Red Hat Linux 9操作系统。

4. 在计算机中安装Windows XP和Red Hat Linux 9双操作系统。

第11章

Windows XP操作系统的维护与优化

在使用操作系统时，除了要掌握其基本的操作功能外，还应该了解一些必要的维护和优化技巧，这样可以减少操作系统出现故障的可能性，减少重新安装操作系统的麻烦。本章将介绍一些维护和优化Windows XP操作系统的常用方法。

学习要点：

- 了解操作系统维护和优化的含义。
- 掌握Windows XP操作系统一些常用的维护和优化方法。

11.1 注册表的维护

注册表中存放着各种参数，直接控制着Windows的启动、硬件驱动程序的加载以及一些Windows应用程序的运行参数。如果注册表受到了破坏，轻者会使Windows系统运行不正常，严重时可能会导致整个系统的瘫痪。因此，掌握注册表的备份与还原技巧，对Windows用户来说是非常必要的。

11.1.1 注册表编辑工具

Regedit.exe是微软公司提供的一款最通用的注册表编辑工具，目前所有Windows操作系统都附带该工具。由于Windows操作系统没有提供运行该应用程序的菜单，所以必须手动运行。启动注册表编辑器的方法如下。

▶**01** 在"开始"菜单中选择"运行"命令，弹出"运行"对话框，如图11-1所示。

图11-1 "运行"对话框

02 在文本框中输入Regedit命令，然后单击"确定"按钮，打开注册表编辑器的主界面，如图11-2所示。

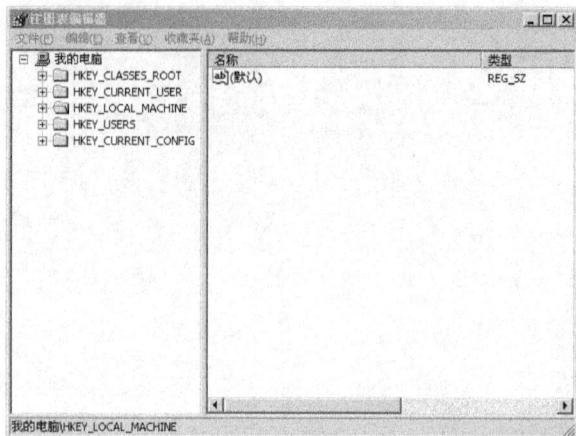

图11-2　注册表编辑器的主界面

11.1.2　备份注册表

01 打开注册表编辑器，选择注册表根目录（即"我的电脑"节点），然后单击鼠标右键，在打开的快捷菜单中选择"导出"命令，如图11-3所示。

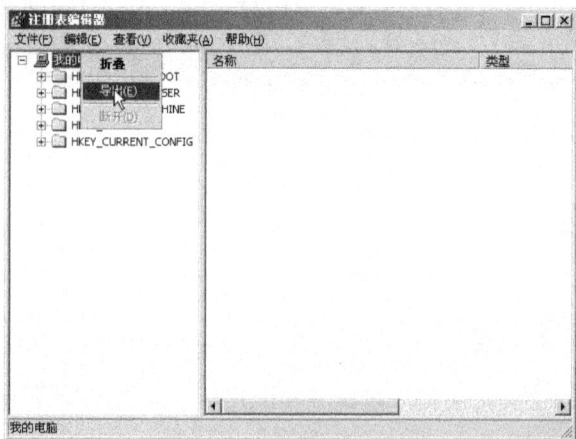

图11-3　选择"导出"命令

02 打开"导出注册表文件"对话框，在"文件名"框中输入注册表文件的名称及保存的路径，单击"保存"按钮即可。注意：注册表备份文件扩展名为.reg。

11.1.3　还原注册表

01 如能顺利进入Windows操作系统，则双击上面备份的.reg文件即可将注册表还原至备份时的状态。

02 在不能进入Windows操作系统时，可以将Windows XP操作系统安装光盘插入光驱，从光盘启动。进入安装程序后，在键盘上按R键，启动故障恢复控制台。按照屏幕提示，登录

Windows XP操作系统，把C:\WINDOWS\repair目录内的system、sam、software、security、default这5个文件复制到C:\WINDOWS\system32\config目录内，注册表将恢复到系统刚安装时的初始状态。重新启动Windows XP操作系统后，双击上面备份的.reg文件，即可将注册表还原至备份时的状态。

11.2　系统的备份与还原

在日常使用过程中，由于误操作或者计算机病毒的感染，Windows操作系统会出现崩溃的情况，此时就需要重新安装操作系统及常用的软件，这需要花费很长的时间，十分不方便。因此，需要在操作系统正常运行时将系统进行备份，一旦系统崩溃，可以通过系统还原恢复使用。

Ghost是著名的备份还原软件，可以用于系统的备份与还原，也可以用于资料的备份与还原。虽然Ghost可以在Windows操作系统下运行，但是由于在DOS操作系统下运行更加稳定，因此通常需要在DOS操作系统下运行Ghost，实现系统的备份与还原。"DOS之家"发行的"超级急救盘"中包含最新的Ghost软件，可以从网上下载光盘版的ISO映像，刻录成光盘后使用。具体下载地址为：http://ftp.doshome.com/SSD_20101010_CD.rar。

11.2.1　系统的备份

01 在BIOS中设置最优先的磁盘引导顺序为从光驱启动。将"超级急救盘"光盘放入光驱后启动系统，进入启动引导界面，如图11-4所示。

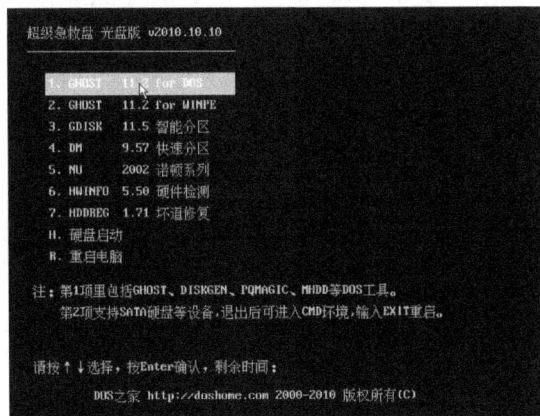

图11-4　启动引导界面

02 选择"1. Ghost 11.2 for DOS"选项，在键盘上按Enter键，进入MS－DOS启动菜单界面，如图11-5所示。

03 选择"3. Ghost 11.2"，在键盘上按Enter键，启动Ghost软件，单击OK按钮，如图11-6所示。

04 进入操作主界面，选择Local→Partition→To Image命令，如图11-7所示。

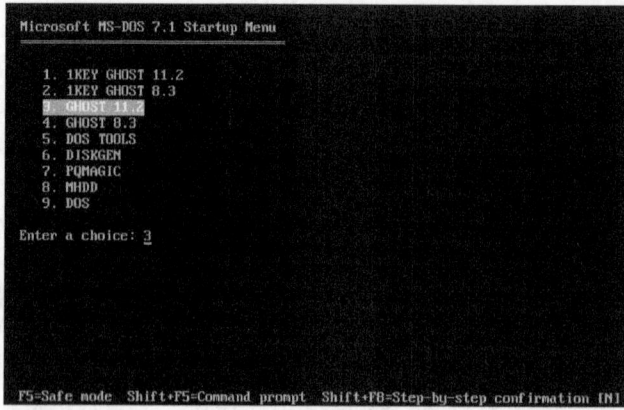

图11-5　MS-DOS启动菜单界面

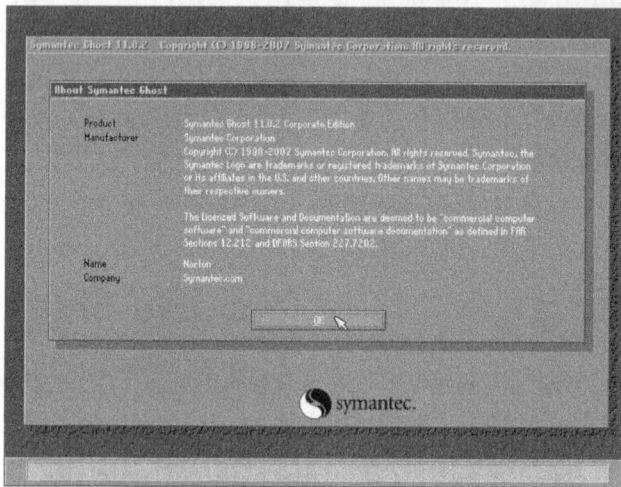

图11-6　Ghost启动界面

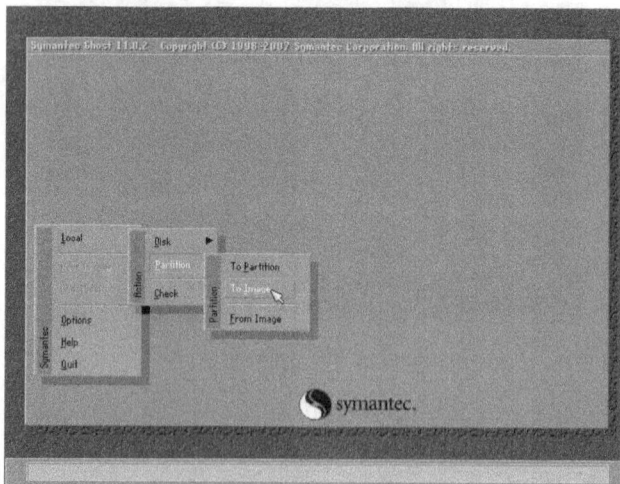

图11-7　操作主界面

●**05** 进入选择备份分区所在磁盘界面，选择相应磁盘后，单击OK按钮，如图11-8所示。

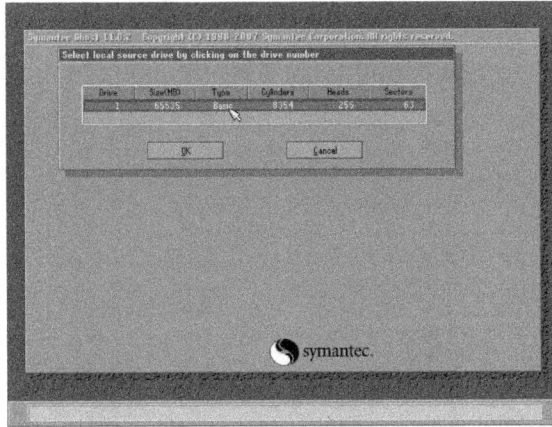

图11-8 选择备份分区所在磁盘界面

◐**06** 进入选择备份分区界面，选择需要备份的分区后，单击OK按钮，如图11-9所示。

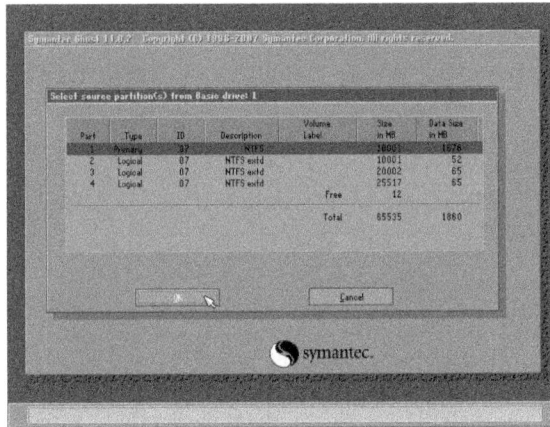

图11-9 选择备份分区界面

◐**07** 进入选择存储位置界面，选择存储位置（注意不要选择正在备份的分区和系统分区），如图11-10所示。

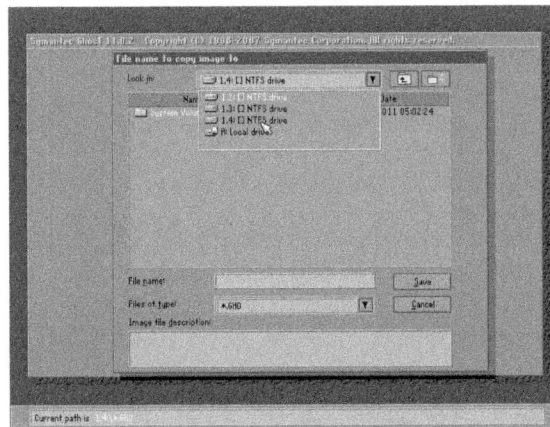

图11-10 选择存储位置界面

08 在File name文本框处填写备份文件的名称，单击Save按钮，如图11-11所示。

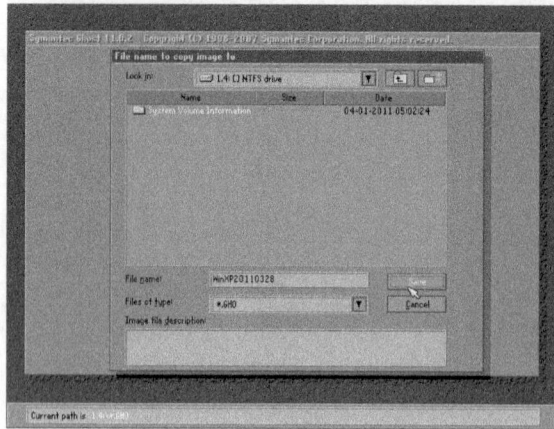

图11-11 填写备份文件名称

09 弹出是否压缩图像对话框，单击No按钮，如图11-12所示。

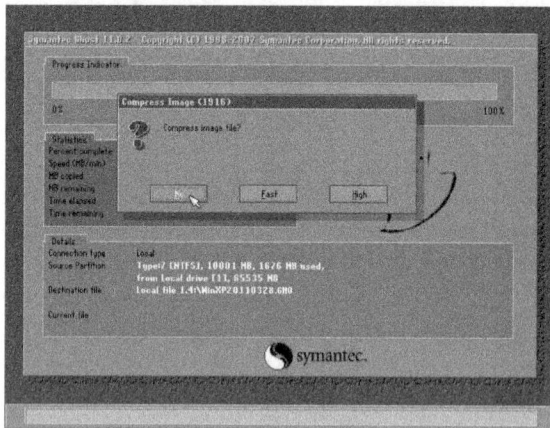

图11-12 是否压缩图像对话框

10 弹出是否开始对话框，单击Yes按钮，如图11-13所示。

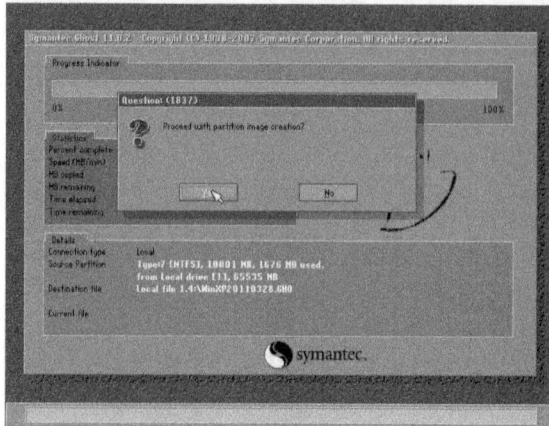

图11-13 是否开始对话框

◎**11** 进入正在备份界面，如图11-14所示。

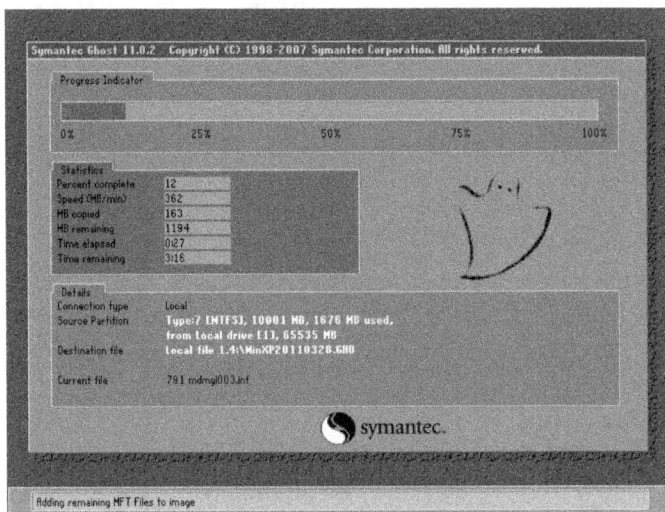

图11-14　正在备份界面

◎**12** 备份完成后，弹出备份成功对话框，单击Continue按钮，如图11-15所示。

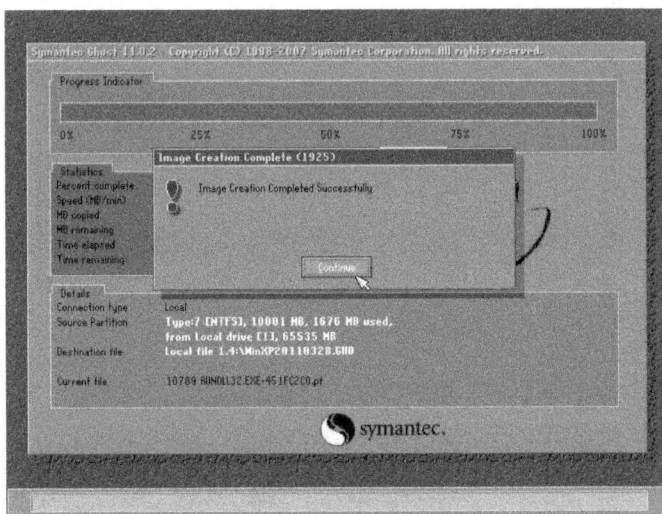

图11-15　备份成功对话框

◎**13** 返回到操作主界面，选择Quit菜单，在弹出的确认对话框中单击Yes按钮，完成备份。取出光盘，重启计算机即可。

11.2.2　系统的还原

◎**01** 按上面的方法进入Ghost操作主界面，选择Local→Partition→From Image命令，如图11-16所示。

◎**02** 进入选择备份文件界面，选择备份文件所在的分区，然后选择要还原的备份文件，单击Open按钮，如图11-17所示。

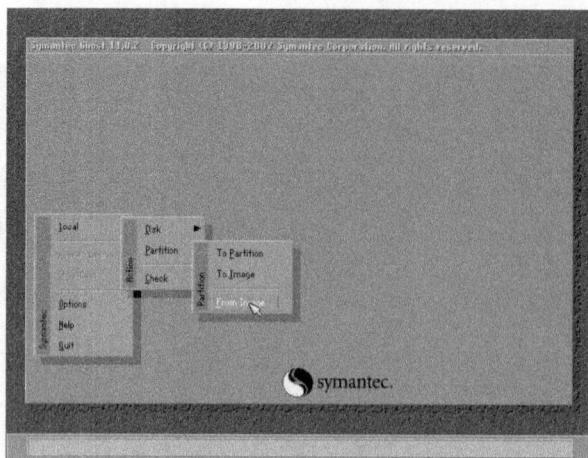

图11-16　操作主界面

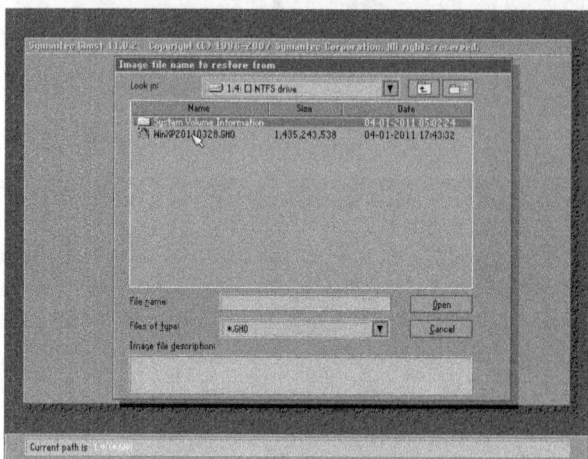

图11-17　选择备份文件界面

●**03** 进入选择还原磁盘界面，选择磁盘后，单击OK按钮，如图11-18所示。

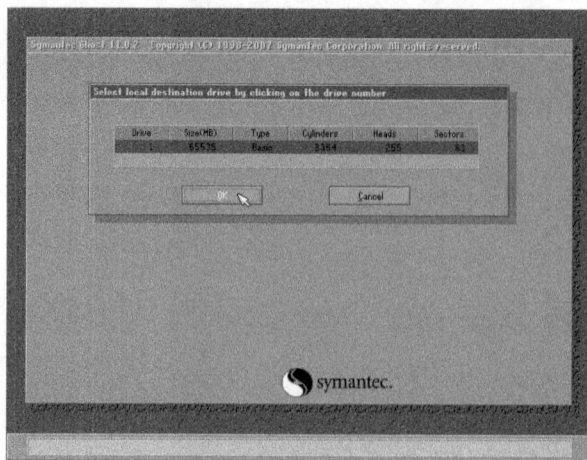

图11-18　选择还原磁盘界面

04 进入选择还原分区界面，选择分区后，单击OK按钮，如图11-19所示。

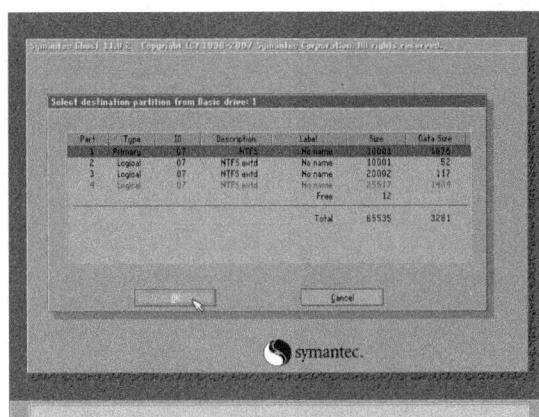

图11-19　选择还原分区界面

05 弹出分区将被覆盖提示对话框，单击Yes按钮（此操作将删除所选分区上的全部文件），如图11-20所示。

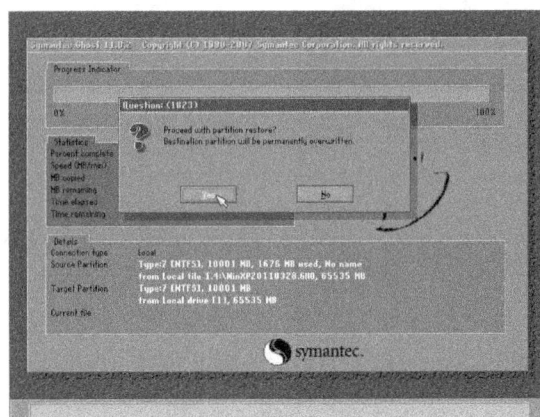

图11-20　分区将被覆盖提示对话框

06 进入正在还原界面，如图11-21所示。

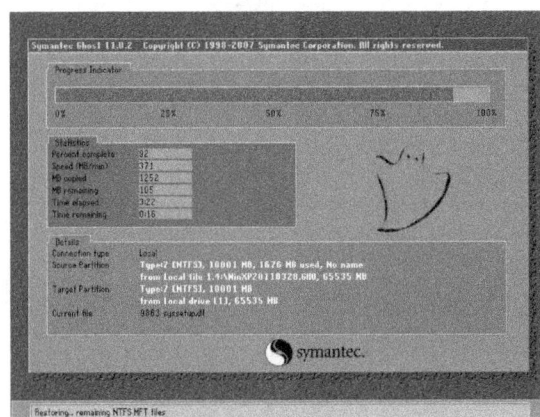

图11-21　正在还原界面

07 还原完成后，弹出还原完成对话框，还原完成后，单击Reset Computer按钮，重启计算机即可，如图11-22所示。

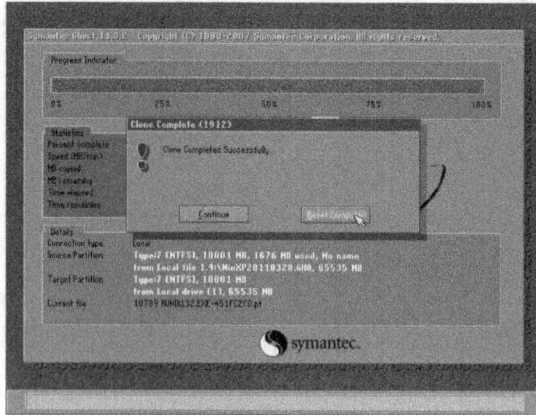

图11-22　还原完成对话框

11.3　数据的备份与还原

使用Ghost软件可以将整个磁盘分区备份，但有些时候只想备份磁盘分区中的部分数据，这时我们可以使用Windows XP操作系统中自带的备份工具进行重要数据的备份。

11.3.1　使用备份工具备份文件和文件夹

Windows XP操作系统中的备份工具可以帮助用户在出现硬盘故障或意外删除文件时保护数据。通过使用备份工具，可以创建硬盘上所有数据的副本，然后将其存储在另一个存储设备上。使用备份工具备份文件和文件夹的具体操作步骤如下。

01 依次选择"开始"→"所有程序"→"附件"→"系统工具"→"备份"命令，打开备份工具，进入"备份或还原向导"对话框，如图11-23所示。

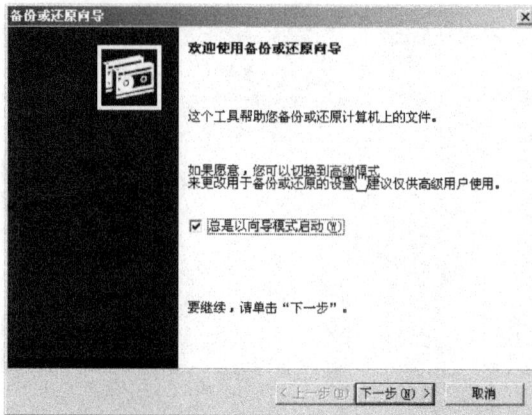

图11-23　"备份或还原向导"对话框

●**02** 在"备份或还原向导"对话框中，单击"高级模式"链接，进入"备份工具"窗口，如图11-24所示。

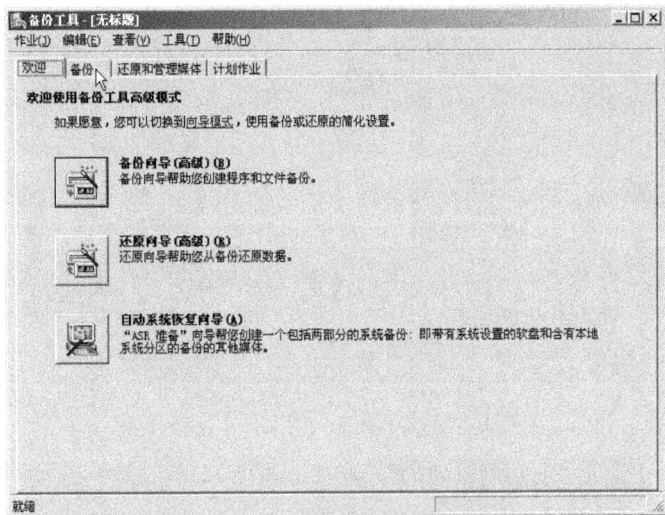

图11-24　"备份工具"窗口

●**03** 在"备份工具"窗口中，单击切换到"备份"选项卡，进入备份操作界面，如图11-25所示。

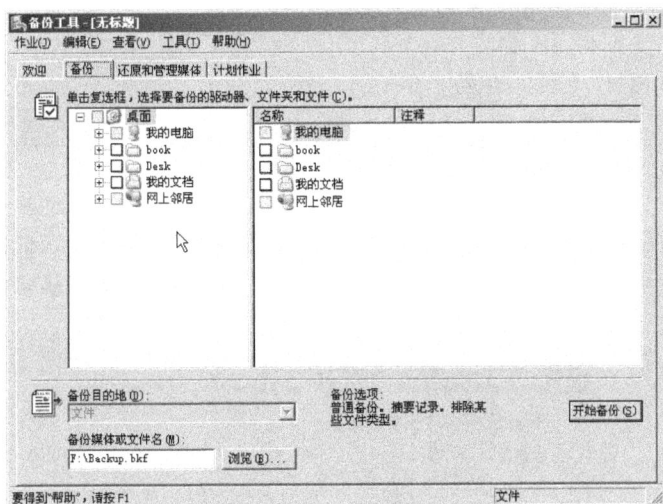

图11-25　备份操作界面

●**04** 选中要备份的驱动器所对应的复选框。如果要进行更具体的选择，则展开所需的驱动器，然后选中要备份的文件或文件夹所对应的复选框，如图11-26所示。

●**05** 在"备份媒体或文件名"文本框中输入备份文件的保存路径及文件名，然后单击"开始备份"按钮，打开"备份作业信息"对话框，如果要将此备份附加到以前的备份，则选择"将备份附加到媒体"单选按钮；如果要用此备份覆盖以前的备份，则选择"用备份替换媒体上的数据"单选按钮。这里选择"将备份附加到媒体"单选按钮，单击"高级"按钮，如图11-27所示。

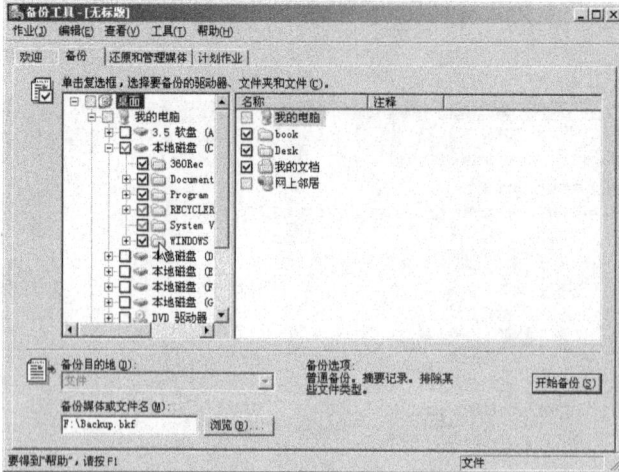

图11-26 选中要备份的文件和文件夹

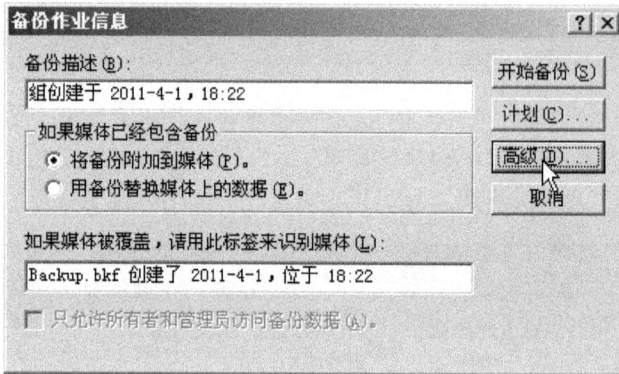

图11-27 "备份作业信息"对话框

06 进入"高级备份选项"对话框,选中"备份后验证数据"复选框,在"备份类型"下拉列表中选择所需的备份类型(选择备份类型时,"描述"栏将显示该备份类型的说明),单击"确定"按钮,如图11-28所示。

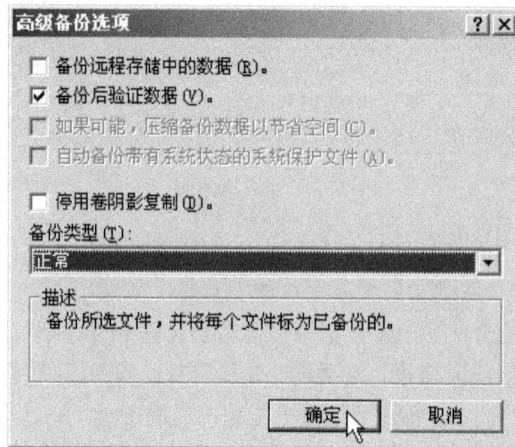

图11-28 "高级备份选项"对话框

◐07 返回到"备份作业信息"对话框，单击"开始备份"按钮，系统将开始备份文件，并在"备份进度"对话框中显示当前备份进度，如图11-29所示。

◐08 备份完成后，进入备份完成界面，单击"关闭"按钮，如图11-30所示。

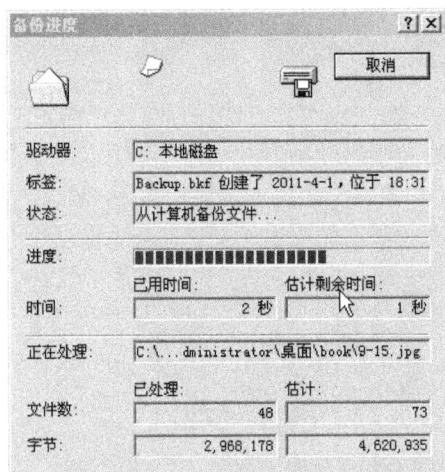

图11-29 "备份进度"对话框

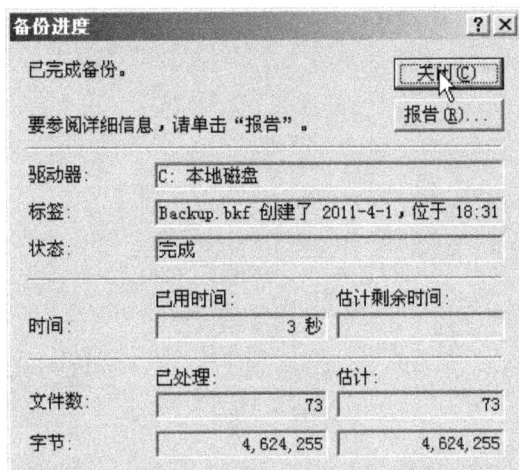

图11-30 备份完成界面

11.3.2 使用备份工具还原文件和文件夹

"备份工具"为您提供了已备份文件和文件夹的树视图，可以通过该树视图选择要还原的文件和文件夹。您可以像使用 Windows 资源管理器一样使用此目录树视图来打开驱动器和文件夹，并选择文件。使用备份工具还原文件和文件夹的具体操作步骤如下。

◐01 按上面的方法，打开"备份工具"窗口，单击切换到"还原和管理媒体"选项卡，进入还原操作界面，如图11-31所示。

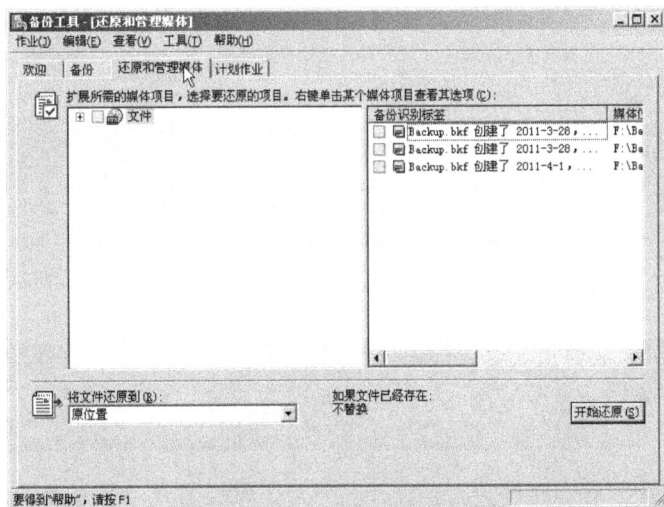

图11-31 还原操作界面

◐02 将备份文件展开，选中要还原的文件夹，在"将文件还原到"下拉列表中选择还原位置，这里以将文件还原到"替换位置"为例，在"备用位置"文本框中输入文件还原的位置，单击"开始还原"按钮，如图11-32所示。

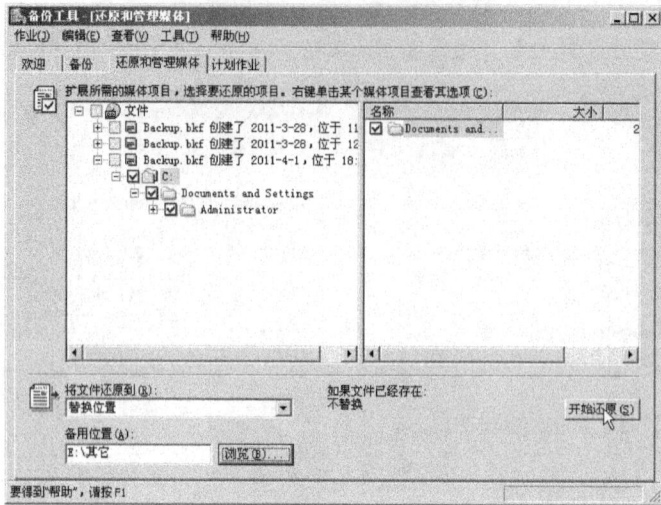

图11-32　选中要还原的文件和文件夹

03 系统弹出"确认还原"对话框，单击"确定"按钮，系统将开始还原文件，并在"还原进度"对话框中显示当前还原进度，如图11-33所示。

04 还原完成后，进入还原完成界面，单击"关闭"按钮，如图11-34所示。

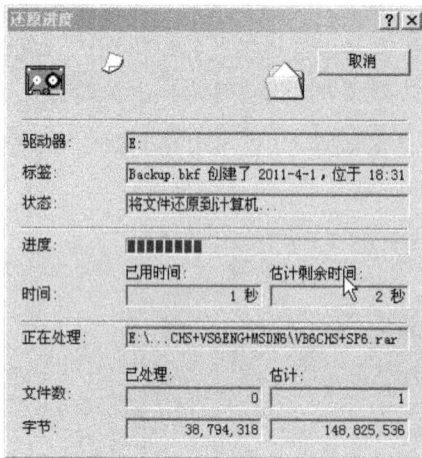

图11-33　"还原进度"对话框

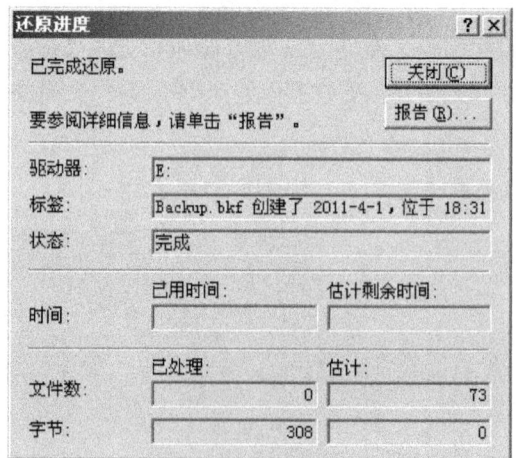

图11-34　还原完成界面

11.4 系统优化

Windows XP操作系统安装完成后，对于个人计算机而言，需要进行系统属性的优化设置，使得系统更加适合于个人应用，发挥更好的性能。另外，系统长时间使用后，会出现"系统垃圾"，使得系统的运行速度变慢，这时就需要对系统进行磁盘清理和磁盘碎片整理等优化操作。

■ 11.4.1　系统属性的优化

优化系统属性是Windows XP最简单的优化方法，具体优化过程如下。

▶**01** 依次选择"开始"→"设置"→"控制面板"→"系统"命令，打开"系统属性"对话框，单击切换到"硬件"选项卡，再单击"设备管理器"按钮，如图11-35所示。

▶**02** 打开"设备管理器"窗口，单击"IDE ATA/ATAPI控制器"项，如图11-36所示。

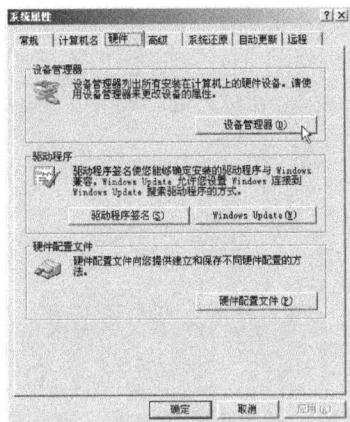

图11-35　"系统属性"对话框　　　　图11-36　"设备管理器"窗口

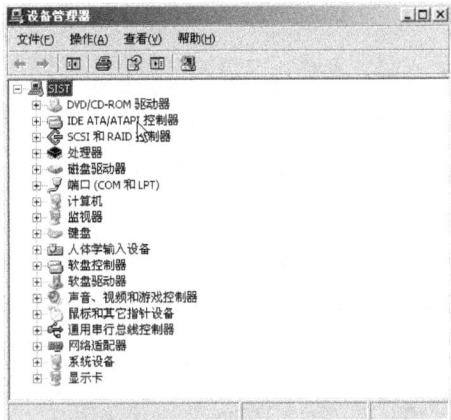

▶**03** 双击"主要IDE通道"项，弹出"主要IDE通道属性"对话框，打开"高级设置"选项卡，如果保持默认设置，直接单击"确定"按钮，如图11-37所示。

▶**04** 如果用户的所有驱动器都支持DMA，而Windows XP操作系统又没有自动检测出来，则可在相应设备的"传输模式"下拉列表中选择DMA选项，这样可以加强所在驱动器的数据传输速率。另外，如果确信在某一IDE口上没有连接任何设备时，应将相应设备的设备类型改为"无"，这样可以使系统在启动时不去检测该端口的设备，以加快启动速度。以同样的方法设置"次要IDE通道"。

▶**05** 返回到"设备管理器"窗口中单击"磁盘驱动器"项，双击磁盘子目录，弹出"磁盘属性"对话框，单击切换到"策略"选项卡，选中"启用磁盘上的写入缓存"复选框，该设置为硬盘的写入操作提供高速缓存，可以提高磁盘的写入性能，如图11-38所示。

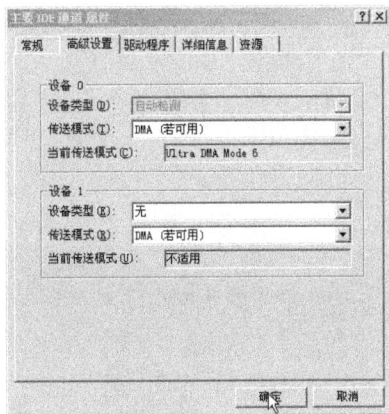

图11-37　"高级设置"选项卡　　　　图11-38　"策略"选项卡

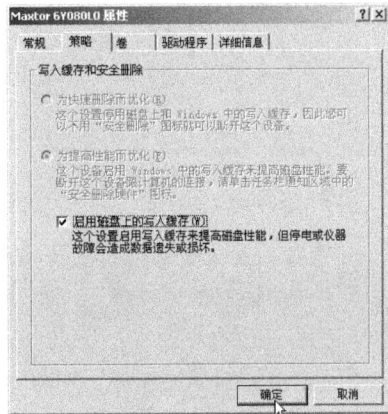

▶**06** 打开"系统属性"对话框中的"高级"选项卡，单击"性能"区域中的"设置"按钮，如图11-39所示。

▶**07** 弹出"性能选项"对话框，打开"视觉效果"选项卡，选中"调整为最佳性能"单选按钮，关闭所有的视觉效果，这样可以节省系统资源，单击"确定"按钮，如图11-40所示。

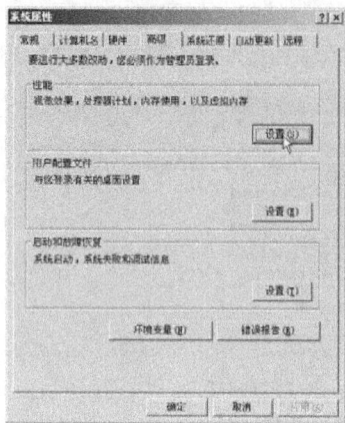

图11-39 "高级"选项卡（一）

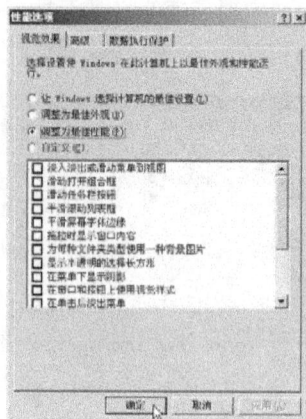

图11-40 "视觉效果"选项卡

▶**08** 在"性能选项"对话框中打开"高级"选项卡，在"处理器计划"和"内存使用"区域中均选中"程序"单选按钮，这样系统会分配给前台应用程序更多资源，使其运行的速度更快，单击"确定"按钮，如图11-41所示。

▶**09** 单击"虚拟内存"区域中的"更改"按钮，弹出"虚拟内存"对话框，将虚拟内存值设为物理内存的2倍，且最大值和最小值相等，单击"设置"按钮，如图11-42所示。虚拟内存的优化须从两个方面考虑：一是驱动器分布的安排；二是虚拟内存大小的设置。在选择驱动器时，应遵循以下原则。

① 避免将虚拟内存放入有容错的驱动器中。

② 尽量避免将虚拟内存和Windows XP文件夹设在同一驱动器上。

③ 不要将虚拟内存划分到同一物理磁盘驱动器的不同分区中。

④ 尽量不要将虚拟内存设置于速度慢或者访问量大的驱动器上。

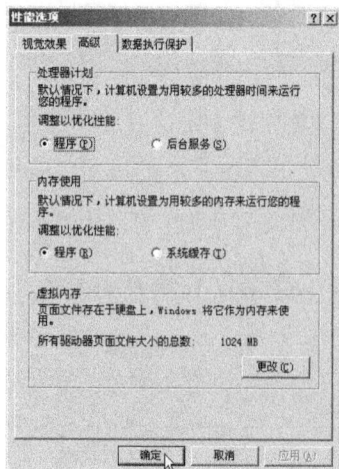

图11-41 "高级"选项卡（二）

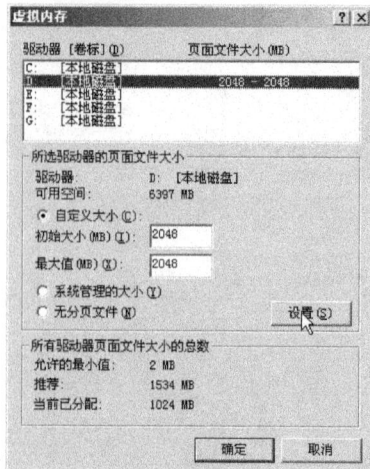

图11-42 "虚拟内存"对话框

11.4.2 磁盘清理

当系统出现运行缓慢、磁盘"垃圾文件"太多、系统运行不稳定等现象时，可利用磁盘清理工具清理磁盘中没用的一些"垃圾文件"，运行方法如下。

▶**01** 依次选择"开始"→"程序"→"附件"→"系统工具"→"磁盘清理"命令，系统弹出"选择驱动器"对话框，选择要清理的磁盘驱动器，单击"确定"按钮，开始磁盘清理，如图11-43所示。

▶**02** 系统计算经过"磁盘清理"后，该驱动上可以释放多大的空间，如图11-44所示。

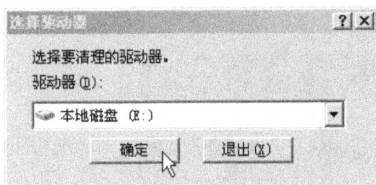

图11-43 "选择驱动器"对话框 图11-44 计算释放空间

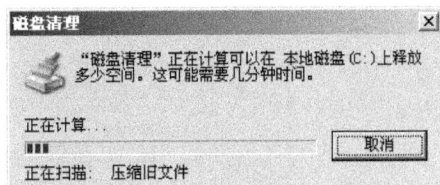

▶**03** 系统计算完以后，弹出"本地磁盘(E:)的磁盘清理"对话框，选择要删除的文件，单击"确定"按钮，如图11-45所示。系统弹出"确认清理"对话框，单击"是"按钮，开始清理磁盘空间。

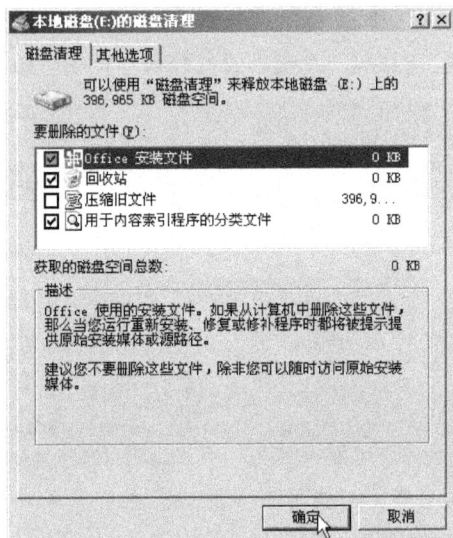

图11-45 "本地磁盘(E:)的磁盘清理"对话框

11.4.3 磁盘碎片整理

计算机在使用一段时间后，由于对磁盘进行反复地读写操作，磁盘中的空闲扇区会分散到整个磁盘中不连续的物理位置上，从而使文件不能保存在连续的扇区内。这样在读写文件时就要到不同的地方去读取，从而增加了磁头的移动量，降低了磁盘的访问速度。

使用磁盘碎片整理程序可以重新安排文件和磁盘上的未用空间以加速磁盘访问速度，提高程序的运行速度。

使用"磁盘碎片整理程序"的具体操作步骤如下。

▶**01** 依次选择"开始"→"程序"→"附件"→"系统工具"→"磁盘碎片整理程序"命令，系统打开"磁盘碎片整理程序"窗口，如图11-46所示。

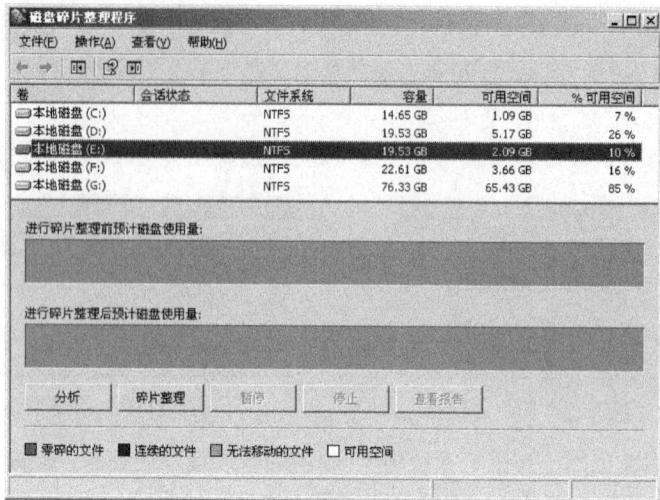

图11-46　"磁盘碎片整理程序"窗口

▶**02** 选择需要整理的磁盘分区，单击"分析"按钮，程序开始进行磁盘碎片分析。分析完成后，弹出"已完成分析"对话框，单击"碎片整理"按钮，如图11-47所示。

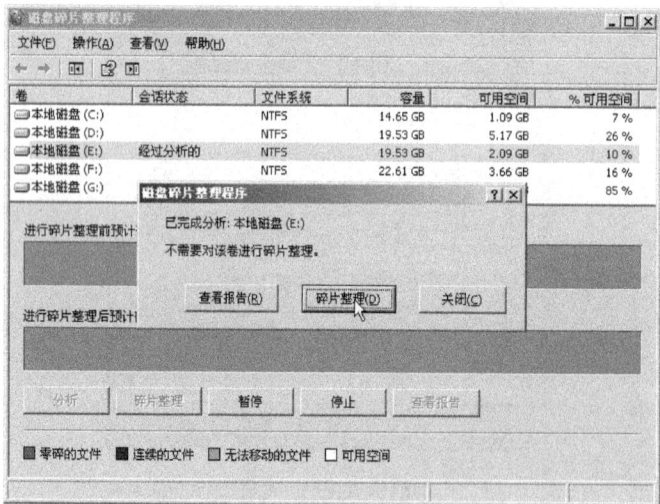

图11-47　"已完成分析"对话框

▶**03** 进入正在整理磁盘碎片界面，可以单击"暂停"按钮，暂停当前整理操作，如图11-48所示。

▶**04** 整理完成后，弹出"整理完成"对话框，单击"关闭"按钮，完成磁盘碎片整理，如图11-49所示。

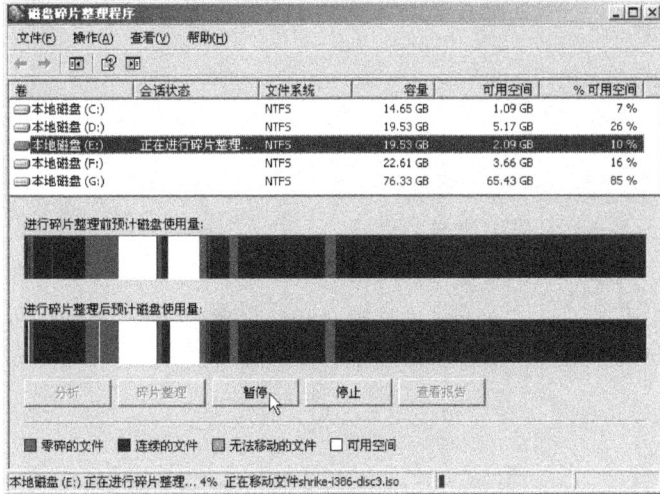

图11-48　正在整理磁盘碎片界面

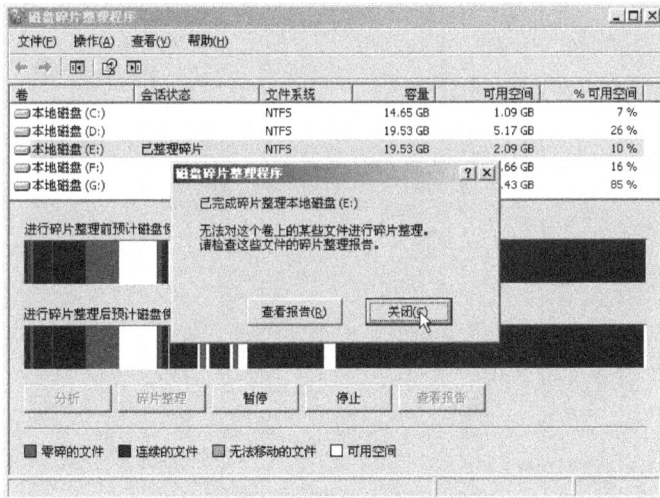

图11-49　"整理完成"对话框

11.5　练习与应用

一、填空题

1. 注册表中存放着各种_____，直接控制着Windows的_____、硬件驱动程序的加载以及一些Windows_____的运行参数。

2. Ghost是著名的_____软件，可以用于_____的备份与还原，也可以用于_____的备份与还原。

二、简答题

1. 简述系统优化的原因和意义。

2. 简述系统备份与还原的意义。

三、应用题

1. 在Windows XP操作系统中备份注册表。
2. 使用Ghost软件对系统进行备份和还原。
3. 利用备份工具备份C盘上所有数据。
4. 利用磁盘清理工具对C盘进行数据清理。
5. 利用磁盘碎片整理工具对C盘进行磁盘碎片整理。
6. 优化Windows XP操作系统的系统属性。

第 12 章

计算机常见故障的排除方法

计算机是运行各种软件的物理平台，一旦出现故障就无法运行，因此也要学会对出现故障的计算机进行检测和维修的方法。本章主要介绍计算机常见故障的检测和维修的方法。

学习要点：

- 了解计算机故障分类、诊断步骤和原则。
- 掌握计算机常见故障现象和排除方法。

12.1 计算机故障的判断

12.1.1 计算机系统常见故障现象的分类

计算机故障种类很多，但从故障产生的原因和现象来分析，大致可分为硬件故障和软件故障两大类。

1. 硬件故障

硬件故障主要是板卡上元器件的损坏或性能不良而引起的故障。如元器件失效后造成电路断路或短路；元器件参数漂移范围超过允许范围使主频时钟变化；电网波动使逻辑关系产生混乱；操作不当而产生故障等。硬件故障包括下面几个方面的问题。

（1）器件故障

器件故障主要指板卡上的元器件、接插件和印制板引起的故障。

（2）机械故障

机械故障指外部设备中的故障，常见的有以下几种。

1）键盘按键接触不良、弹簧疲劳总是卡键或失效。

2）打印机断针或磨损，色带损坏，电机卡死，走纸机构不灵等。

（3）存储介质故障

存储介质故障指光盘和硬盘磁介质损坏而导致系统引导信息或数据信息丢失等原因造成的故障。

（4）人为故障

人为故障指机器的运行环境恶劣或操作不当产生的故障，主要原因是对计算机性能、操作方法不熟悉。如电源接错，在通电的情况下随意拔插板卡或集成块芯片造成人为的损坏等。

2. 软件故障

软件故障指操作人员对软件使用不当、系统软件和应用软件损坏，或病毒引起的故障。对计算机操作人员来说，系统因故障停机是经常遇到的事情，其原因除极少数是由于硬件质量问题外，绝大多数是由软件故障造成的。常见软件故障及产生原因有以下几种。

（1）操作系统不兼容

使用了不兼容的操作系统版本，使系统文件发生混乱、损坏，应用软件不能使用，甚至不能引导系统。

（2）系统文件丢失

绝大多数的系统文件都是操作系统在启动或运行过程中必须要用到的文件，其重要性不言而喻。因此，当误操作导致系统文件丢失后，系统便会迅速提示缺少文件的信息，严重时将导致系统无法启动。

（3）注册表损坏

注册表是Windows操作系统的核心数据库，由于自身的安全防护措施较差，因此，一旦注册表内的重要配置信息遭到破坏，便会导致系统无法正常运行。

（4）软件漏洞

软件漏洞是软件运行错误的主要原因之一，也是诱发软件故障的重要因素。一般来说，测试版软件内的漏洞较多，但并不意味着正式版软件内没有漏洞。不过，软件漏洞对计算机产生的影响较小，通常情况下只会导致某个软件无法正常运行。

（5）病毒故障

病毒故障是由于计算机病毒而引起的计算机系统工作异常。这种故障尽管可用硬件手段、杀毒软件和防病毒系统等进行预防与杀毒，但是病毒的隐蔽性和多样化，使得对其产生和发展趋势很难预测与估计。病毒的类型不同，对计算机资源的破坏也不完全一样。它们可以通过不同的途径潜伏、寄生在存储媒体（磁盘、内存）或程序中，当某种条件或时机成熟时，便会自身复制并传播，使计算机的资源、程序或数据受到不同程度的损坏。

12.1.2 计算机系统故障的诊断步骤和原则

1. 诊断步骤

由软到硬、由大到小、由表及里、循序渐进。

2. 诊断原则

由表及里、先电源后负载、先外部设备再主机、先静态后动态、先一般故障后特殊故障、先简单后复杂、先公共性故障后局部性故障、先主要后次要。

在维修过程中，安全问题是十分重要的。要特别注意下面几个问题。

（1）机内高压系统

机内高压系统是指220V的交流电压和显示器10 000V以上的阳极高压。这样高的电压无论是对维修人员、计算机或维修设备，都将是很危险的，必须引起高度重视。

（2）不准带电插拔各插卡和插头

带电插拔各控制插卡很容易造成芯片损坏。在加电情况下，插拔控制插卡会产生较强的瞬间反击电压，足以把芯片损坏。同样，带电插拔串行口、并行口、键盘口等外部设备的连接电缆常常是造成相应接口损坏的直接原因。

（3）防止烧坏主板及其他插卡

烧坏主板是非常严重的故障，应尽量避免。因此，当无法确定插卡好坏，也不知道控制卡或其他插件有无短路情况时，先不要马上加电，而要用万用表测量＋12V端和－12V端与周围的信号有无短路情况，再测量主板上电源＋5V端和－5V端与地是否短路。若没有异常情况，一般不会严重烧坏主板或控制卡。

12.2　计算机常见故障的排除

12.2.1　CPU故障的排除

1．机箱的噪声

故障现象：计算机在升级CPU后，每次开机时噪声特别大。但使用一会儿后，声音恢复正常。

故障分析与处理：首先检查CPU风扇是否固定好，有些劣质机箱做工和结构不好，容易在开机工作时造成共振，增大噪声；另外可以给CPU风扇、机箱风扇的电机加点油试试。如果是因机箱的箱体单薄造成的，最好更换机箱。

2．温度上升太快

故障现象：计算机开机几分钟后，CPU温度就由31℃上升到51℃，然后稳定到53℃不再上升。

故障分析与处理：一般情况下，CPU表面温度不能超过50℃，否则会出现电子迁移现象，从而缩短CPU寿命。对于CPU来说，53℃的温度太高了，长时间使用易造成系统不稳定和硬件损坏。根据现象分析，升温太快，稳定温度太高应该是CPU风扇的问题，只需更换一个质量较好的CPU风扇即可。

3．夏日里灰尘引发的死机故障

故障现象：计算机开机后，平均使用20min就会死机一次，重新开机后，过20min又会再次死机。

故障分析与处理：最可能的原因是机箱内CPU温度过高造成的死机。此时需要在BIOS中检查CPU的温度，结果发现CPU的显示温度是33℃。进一步检测发现这台计算机开机时BIOS中检查的温度是31℃；开机使用1h后，温度仅仅上升2℃；当时室温在35℃左右，看来检测的CPU温度不准确。打开机箱检测散热片，发现风扇上积累的灰尘太多，已经不能转动了，此时需要更换CPU风扇。更换后再次开机，计算机运行了数个小时也没有发生死机现象。出现测量CPU温度不准的原因：主板上的温度探针是靠粘胶粘在散热片上来测量CPU温度的，而现在这个探头并没有和散热片紧密地接触，两者之间分开有很大的距离，散热片的热量无法直接传到温度探针上，测到的温度自然有很大的误差。更换CPU风扇时，把探针和散热片贴在一起固定牢固，这样在开机20min以后，在BIOS中测得的温度是45℃，之后使用一切正常。

4．CPU针脚接触不良导致计算机无法启动

故障现象：计算机经常出现无法启动的现象。

故障分析与处理：这种现象最可能是计算机显卡出现故障，换一块显卡后，还是时好时坏，说明不是显卡的问题。此时，可能是主板上的CPU出现了问题，拔下插在主板上的CPU，仔细观察并无烧毁痕迹，但CPU的针脚均发黑、发绿，有氧化的痕迹和锈迹（CPU的针脚为铜材料制造，外层镀金），需要对CPU针脚做清除工作，然后计算机就又可以开机正常工作了。

5．CPU引起的死机

故障现象：一台计算机开机后，在内存自检通过后便死机。

故障分析与处理：这种现象可能是BIOS参数设置有问题或硬件出现了问题。首先检测BIOS的设置。按Del键进入BIOS设置，仔细检查各项设置是否出现问题；在均无问题的情况下，读取预设的BIOS参数，重新启动计算机。若死机现象依然存在，则说明是硬件出现了问题，然后用替换法检测硬盘和各种板卡。若硬盘和各板卡检测结果都正常，则问题可能出在主板或CPU上，此时降低CPU的工作频率后，再次启动计算机则一切正常。

6．CPU风扇导致的死机

故障现象：计算机CPU的风扇在转动时忽快忽慢，则计算机使用一会儿就死机。

故障分析与处理：现在普通的风扇大多是使用滚珠的风扇，需要润滑油来润滑滚珠和轴承。这种现象估计是CPU风扇的滚珠和轴承之间没有润滑油了，造成风扇转动阻力增加、转动困难，使其忽快忽慢。由于CPU风扇不能持续给CPU提供强风进行散热，使CPU温度上升最终导致死机。在给CPU风扇加了润滑油后CPU风扇转动正常，死机现象消失。

7．CPU的频率显示不固定

故障现象：计算机在每次启动的时候，显示的CPU频率时高时低。

故障分析与处理：这种现象很可能是主板上的电池无电造成的。只要更换同类型的电池后，再重新设置BIOS中的参数，CPU的频率显示即可恢复正常。

8．CPU超频引起显示器黑屏

故障现象：计算机的CPU超频后，开机出现显示器黑屏现象。

故障分析与处理：这种现象是典型的超频引起的故障。由于CPU频率设置太高，造成

CPU无法正常工作，并造成显示器点不亮且无法进入BIOS中进行设置。这种情况下需要将CMOS电池放电，并重新设置后即可正常使用。还有种情况就是开机自检正常，但无法进入到操作系统，或在进入操作系统时死机，这时只需复位启动并进入BIOS将CPU改回原来的频率即可。

12.2.2　主板上高速缓存故障的排除

1. 高速缓存芯片不稳定

故障现象：在CMOS设置中，如果开启主板上二级高速缓存，运行软件时就容易死机，而禁止二级高速缓存，系统就可以正常运行，但速度比同档计算机要慢不少。

故障分析与解决：因为在开启二级高速缓存后，就频繁出现死机现象，所以断定有二级高速缓存芯片工作不稳定。放掉手上的静电，再用手逐个感觉主板上的二级高速缓存芯片，明显地觉察到有一个芯片比其他的热，更换后系统正常。

2. 二级高速缓存被损坏

故障现象：计算机开机自检过程中，停在显示512KB Cache的位置。

故障分析与处理：这种现象说明可能是二级显示缓存器或硬盘出现故障。计算机开机时，此项显示完后就该到硬盘启动操作系统。因此，需要确定是高速缓存，还是硬盘的故障。首先，取下该硬盘安装到别的计算机上，若证实硬盘没有故障，则是高速缓存的问题。此时，进入CMOS设置，禁止L2 Cache，然后计算机就可以正常工作了。关掉计算机，放掉手上静电，触摸主板上的高速缓存芯片，若有不热的芯片，则说明芯片出现问题，此时可以关掉L2 Cache或重新更换主板。

12.2.3　显卡故障的排除

1. 开机无显示

故障现象：开机显示屏上无任何信息。

故障分析与处理：此类故障一般是因为显卡与主板接触不良或主板插槽有问题造成的。对于一些集成显卡的主板，如果显存共用主内存，则需注意内存条的位置，一般在第一个内存条插槽上应插有内存条。由于显卡原因造成的开机无显示故障，开机后一般会发出一长两短的蜂鸣声（对于AWARD BIOS显卡而言）。

2. 显示花屏，看不清字迹

故障现象：计算机屏幕上出现花屏，看不清屏幕上的字迹。

故障分析与处理：此类故障一般是由于显示器或显卡不支持高分辨率而造成的。解决此类问题的方法是，在DOS操作系统环境下，编辑SYSTEM.INI文件，将display.drv=pnpdrver改为display.drv=vga.drv后，存盘退出，再在Windows中更新驱动程序。

3. 颜色显示不正常

故障现象：计算机屏幕上显示的字迹和图片的颜色不正常。

故障分析与处理：此类故障一般有五大原因造成，第一，显卡与显示器信号线接触不良，需要重新安插；第二，显示器自身出现故障，需要换新的显示器；第三，在某些软件中运行时颜色不正常，在BIOS中有一项校验颜色的选项，将其开启即可；第四，显卡损坏，换显卡；第五，显示器被磁化，此类现象一般是由于与有磁性的物体过分接近所致，磁化后还可能会引起显示画面出现偏转的现象。

4. 屏幕出现异常杂点或图案

故障现象：屏幕上出现异常杂点或图案。

故障分析与处理：此类故障一般是由于显卡的显存出现问题或显卡与主板接触不良造成的。此时，需清洁显卡金手指部位或更换显卡。

5. 显卡驱动程序丢失

故障现象：显卡驱动程序载入运行一段时间后，驱动程序自动丢失。

故障分析与处理：此类故障一般是由于显卡质量不佳或显卡与主板不兼容，使得显卡温度太高，从而导致系统运行不稳定或出现死机现象，此时只能更换显卡。

此外，还有一类特殊情况，以前能载入显卡驱动程序，但在显卡驱动程序载入后，进入Windows时出现死机现象。可更换其他型号的显卡，在载入其驱动程序后，插入旧显卡予以解决。若还不能解决此类故障，则说明注册表出现故障，此时对注册表进行恢复或重新安装操作系统即可。

12.2.4 硬盘故障的排除

故障现象：硬盘没完没了地剧烈转动，产生很大噪声。同时屏幕闪过Failure Fixed Disk 0字样，此时一定是硬盘出现了故障。

故障分析与处理：此类故障可能是硬盘与主板的连接出现问题，通过下面步骤进行检测和修复。

在打开计算机之前，先释放出自己身上的静电，防止伤害系统的器件；然后拨去计算机的电源插头；接下来拆开计算机的外壳，检查连接在硬盘上的接头。硬盘自身有两个接口，它们分别通过四线电缆和数据电缆与主板上的电源插座和对应的硬盘接口相连。如果4个电缆的接头有松脱的，那么拔下重新连接故障就可以排除（需要注意的是，别把针脚弄弯了）。另外，也要检测电缆数据线是否老化。如果电缆数据线已经很硬，就有可能是包附在绝缘层里头的某条缆线断掉了，需要换个同型的新电缆数据线。这些事情做完之后，插上计算机的电源，启动计算机，查看计算机硬盘的状态。如果此时计算机的硬盘还是一动也不动，就要检查计算机内部的一切或给客户服务支持部打电话。

需要说明的是，在硬盘使用时要不断地对硬盘进行保养。经常使用Windows XP操作系统附件中的ScanDisk硬盘扫描工具来检查坏的区块，这样可以避免硬盘出现问题，或者在问题变得严重之前，就将问题解决了。

12.2.5　鼠标故障的排除

1. 找不到鼠标

故障现象：在计算机屏幕上看不到鼠标。

故障分析与处理：此类故障可能由以下原因造成，第一，鼠标彻底损坏，需要更换新鼠标；第二，鼠标与主机连接串口或PS/2口接触不良，如果出现这种情况，仔细接好线后，重新启动即可；第三，主板上的串口或PS/2口损坏，如果出现这种情况，只好去更换一个主板或使用多功能卡上的串口；第四，鼠标线路接触不良，这种情况是最常见的。故障只要不在PS/2接头处，一般维修起来不难。接触不良的点多在鼠标内部的电线与电路板的连接处，通常是由于线路比较短，或比较杂乱而导致鼠标线被误用力拉扯。解决方法是将鼠标打开，再使用电烙铁将焊点焊好。还有一种情况就是鼠标线内部接触不良，是由于线路老化引起的，这种故障通常难以查找，更换鼠标是最快的解决方法。

2. 鼠标能显示，但无法移动

故障现象：在屏幕上可以看到鼠标，但光标不随鼠标移动。

故障分析与处理：鼠标的灵活性下降，鼠标指针不像以前那样随心所欲，而是反应迟钝，定位不准确，或干脆不能移动了。这种情况主要是因为鼠标中的机械定位滚动轴上积聚了过多污垢而导致传动失灵，造成滚动不灵活。维修的重点放在鼠标内部的X轴和Y轴的传动机构上。解决方法是可以打开胶球锁片，将鼠标滚动球卸下来，用干净的布蘸上中性洗涤剂对胶球进行清洗，摩擦轴等可用酒精进行擦洗。最好在轴心处滴上几滴缝纫机油，但一定要仔细，不要流到摩擦面和码盘栅缝上了。将一切污垢清除后，鼠标的灵活性恢复如初。

3. 鼠标按键失灵

故障现象：鼠标按键无动作或按键无法正常弹起。

故障分析与处理：鼠标按键无动作可能是因为鼠标按键和电路板上的微动开关距离太远，或点击开关经过一段时间的使用后反弹能力下降。拆开鼠标，在鼠标按键的下面粘上一块厚度适中的塑料片，厚度要根据实际需要而确定，处理完毕后即可使用。鼠标按键无法正常弹起，可能是因为按键下方微动开关中的碗形接触片断裂引起的，尤其是塑料簧片长期使用后容易断裂。如果是三键鼠标，那么可以将中间的那一个键拆下来应急。如果是品质好的原装名牌鼠标，则可以拆开微动开关，细心清洗触点，加一些润滑脂后，装好即可使用。

12.2.6　键盘故障的排除

1. 符号无法输入

故障现象：按下按键后，计算机显示屏上没有任何符号。

故障分析与处理：这种现象可能是键盘内部比较脏或一些符号常用键弹簧失去弹性所造成的。若是符号键弹簧失去了弹性，则需要更换新键盘；若是键盘比较脏，则清洗一下键盘。清洗键盘内部的步骤为：第一步，关机；第二步，拔下键盘，注意拔下时键盘接口上的箭头或TOP提示，以便插回；第三步，反转键盘，拧下螺丝，打开键盘；第四步，使用酒精擦洗键盘按键下面与键帽接触的部分。注意，如果表面有一层比较透明的塑料薄膜，请揭开后清洗。

2. 鼠标使用正常，键盘不能使用

故障现象：鼠标使用正常但键盘不好用。

故障分析与处理：这类故障主要检查键盘接口是否松动，具体检查步骤为：第一步，使用鼠标进行软关机，以防硬关机使系统瘫痪；第二步，关机后，拔出键盘接口一部分再稍用力插回。注意不要力气太大，以免损伤主板上的键盘接口部分。

说明：有的键盘接口是因为维修、维护或搬动计算机时使键盘接口松动。如果是刚组装的计算机，请检查是否键盘接口或主板上键盘接口有质量问题，如果是要及时更换主板，以免错过保修期。键盘接口不好的情况时有发生，而主板接口不好的情况却少有发生。

3. 键盘和鼠标都不能使用

故障现象：键盘和鼠标都不能使用。

故障分析与处理：此类现象是系统中不稳定因素造成的，是死机的一种表现。处理方法为拆下系统中不必要的部分，使系统只剩下主板、内存、CPU、显卡、显示器、键盘和硬盘，看看计算机是否死机，每次验证之后关机添上新的硬件，直到不出现死机为止。

4. 个别键不好使，换键盘故障依旧

故障现象：计算机键盘的个别键经常不好使，但有时乱按一气还能恢复，换一个键盘故障依旧。

故障分析与处理：此类故障可能是人为设置的或由病毒和超频引起的。解决问题的方法如下。

方法1：恢复键盘默认值。依次用鼠标单击Windows"开始"按钮，在弹出菜单中选择"控制面板"，在控制面板中分别双击"键盘"和"区域和语言选项"图标，并将它们分别设置成默认值。

方法2：检查病毒或重新安装系统。

方法3：如果计算机处于超频状态，请先设置回原来的频率。

12.2.7 电源故障的排除

1. 有电源输出但开机无显示

故障现象：计算机中有电源输出，但开机无显示。

故障分析与处理：出现此故障的可能原因是POWERGOOD输入的RESET信号延迟时间不够，或POWERGOOD无输出。开机后，用电压表测量POWERGOOD的输出端，如果无+5V输出，再检查延时元器件；若有+5V则更换延时电路的延时电容即可。

2. 每次开机过程中都会自动重启

故障现象：计算机在每次开机过程中都会自动重启一次，而现在是重复一次自检后才能进入操作系统。

故障分析与处理：启动时重新引导通常是由主板故障引起的，也可能是电源输出不稳定造成的，解决的方法是对这两个设备进行检查。

3. 机箱内打火同时显示器电源的指示灯闪烁

故障现象：机箱内打火同时显示器电源的指示灯闪烁。

故障分析与处理：此类故障可能是电源内部的器件损坏或短路。此时需要找专业人员检修或更换一个新电源。

4. 开机仅几分钟，电脑就会自动关机

故障现象：计算机在开机仅几分钟后就会自动关机，主机、光驱及显示器上的指示灯都亮着，风扇也在运转，但并无反应，只有关掉电源、重新启动才能正常工作。

故障分析与处理：电源在工作一段时间后，散热量会变大，一些元器件会出现工作不稳定的情况，导致输出电流断路，所以需要检修电源。

12.3 练习与应用

一、填空题

1. 计算机故障种类很多，但从故障产生的原因和现象来分析，大致可分为_____和_____两大类。
2. 硬件故障分为_____、_____、_____和_____。
3. 软件故障分为_____、_____、_____、_____和_____。

二、简答题

1. 简述诊断计算机系统故障的步骤和原则。
2. 简述维修计算机时应该注意的事项。

三、应用题

1. 学习常见软件故障排除的几种方法。

方法1：sys.com和disktool.exe命令的使用。启动计算机系统3个最基本的文件是IO.sys、msdos.sys和command.com。当一台计算机由于病毒的影响或误删除操作时，很可能使这3个基本文件被破坏，尤其是command.com很容易被破坏，造成计算机系统不能启动，此时可以用sys.com或 disktool.exe命令将这3个基本文件重新传导一次。具体方法是首先制作一张与要恢复的计算机操作系统相同的系统引导光盘，在此引导光盘上含有sys.com文件或含有NORTON系统的disktool.exe文件，然后将计算机的启动引导顺序设为光盘先引导，再用制作好的系统引导光盘启动计算机，在光盘提示符下输入sys c:，并按Enter键，即可将系统

重装一次，也可以用NORTON系统的disktool.exe命令重装系统。经过这样重装系统以后，系统就有可能正常启动了。

　　方法2：病毒的查杀方法。当一台计算机由于病毒的影响造成系统不能启动或正常运行时，可以用最新的病毒查杀软件进行杀毒，如瑞星、金山毒霸等。

　　方法3：分区及主引导记录的恢复。硬盘的主引导扇区是硬盘中最为敏感的一个部件，其中的主引导程序是它的一部分，此段程序主要用于检测硬盘分区的正确性，并确定活动分区，负责把引导权移交给活动分区的DOS或其他操作系统。如果此段程序损坏，将无法从硬盘引导，但是从光驱引导后可以对硬盘进行读写。

　　2. 上网查找和学习系统文件丢失的恢复方法。

附录A DVD区域代码

1996年2月由美国电子产品制造商和美国电影协会向日本DVD硬件制造商提出要求，要求在DVD的硬件和软件中加入"DVD防止复制管理系统"和"DVD区域代码"。"DVD防止复制管理系统"指所有DVD光驱和影碟机均必须加装防止被复制的电路，以免侵犯知识产权，防止发行地区的影片在未发行区播放；"DVD区域代码"则是在DVD光驱、影碟机和相应光盘上编入8个不同的区域代码，以便达到设备只能读取相应区域代码内产品的目的。因此，在选购光驱时，必须注意区域代码标识，以免出现设备与光盘不兼容的情况。

注意 关闭文档和文档的退出是有区别的。区别是：关闭文档只是关闭了里面的文档窗口，而整个Word主窗口并没有被关闭。而文档的退出则是单击"Office按钮"按钮，在下拉菜单中选择"退出Word"命令，它关闭的是整个Word主窗口。当然，里面的文档窗口也被关闭了。

DVD区域代码包括以下8个。

1区：美国、加拿大。

2区：日本、欧洲、南非、中东（包括埃及）。

3区：东南亚、东亚（包括中国香港）。

4区：澳大利亚、新西兰、太平洋岛屿、美国中部、墨西哥、南美、加勒比海。

5区：东欧（前苏联）、印度、非洲、朝鲜、蒙古。

6区：中国。

7区：保留。

8区：特殊的国际区域（飞机、轮船等）。

附录B 按键的功能

- Esc键（Escape）：退出键，主要的作用是退出当前某个程序。例如，我们在玩游戏时想退出来，就按一下该键。

- Tab（Table）键：表格键，主要在字处理软件中起到等距离移动光标的作用。例如，在处理表格时，不需要用空格键来一格一格地移动，只要按一下该键就可以等距离地移动。

- Caps Lock（Capital Lock）键：大写锁定键。当键盘上的Caps Lock指示灯点亮时，键盘处于大写状态，此时无法进行中文输入。当再一次按下此键时键盘又恢复为小写状态，可以进行中文输入。

- Shift键：转换键，英文是"转换"的意思。用以转换大小写或上符键，还可以配合其他的键共同起作用。例如，要输入电子邮件的@，在英文状态下按Shift+2组合键即可。

- Ctrl（Control）键：控制键，需要配合其他按键或鼠标使用。例如，在Windows下配合鼠标可以选定多个不连续的对象。

- Alt（Alternative）键：可选键，它需要和其他按键配合使用来达到某一操作目的。例如，要将计算机热启动，可以同时按住Ctrl+ Alt+Del组合键完成。

- Enter键：回车键，是用得最多的一个按键，主要作用是执行某一命令，在文字处理软件中的作用是换行。

- Print Screen/SysRq键：印屏键或打印屏幕键。当按下该键后，当前屏幕的显示内容就保存在剪贴板中。

- Scroll Lock键：屏幕滚动锁定键，用于锁定滚动条。现在主要应用在Excel中，如果在Scroll Lock键关闭的状态下使用翻页键（如Page Up和Page Down）时，单元格选定区域会随之发生移动；反之，不能。

- Pause Break键：暂停键，主要将某一动作或程序暂停，例如，将打印暂停；可中止某些程序的执行，特别是DOS程序。在还没进入操作系统之前的DOS界面出现自检内容时，按Pause Break键，会暂停信息翻滚，再按任意键可以继续。在Windows操作系统下，按Windows+Pause Break组合键，可以调出"系统属性"对话框。

- Insert键：插入键，用于文字编辑中插入字符，它也是一个循环键，再按一下就变成改写状态。

- Del（Delete）键：删除键，主要在Windows中或文字编辑软件中删除选定的文件或内容。

- Home键：原位键，在文字编辑软件中按Home键，光标可以回到本行的起始位置；和Ctrl键一起使用，则光标可以回到文章的开头位置。

- End键：结尾键，在文字编辑软件中按End键，光标可以定位于本行的末尾位置；和Ctrl键一起使用，则可以将光标定位到文章的结尾位置。

- Page Up键：向上翻页键，用于在文字编辑软件中将内容向上翻一页。

- Page Down键：向下翻页键，用于在文字编辑软件中将内容向下翻一页。

- Num Lock键：小键盘锁定键，当Num Lock键上的灯点亮时，表示小键盘可以使用；否则，小键盘不可用。

- F（Function）1键～F12键：都是功能键，在不同的软件中，为其定义的相同功能，具体含义如下。

  ▸ F1：如果处在一个选定的程序中而需要帮助，那么请按F1键。如果现在不是处在任何程序中，而是处在资源管理器或桌面，那么按F1键就会出现Windows的帮助程序。如果你正在对某个程序进行操作，而想得到Windows帮助，则需要按Windows＋F1组合键。按Shift+F1组合键，会出现What's This?的帮助信息。

  ▸ F2：如果在资源管理器中选定了一个文件或文件夹，按F2键则可以对当前选定的文件或文件夹重命名。

  ▸ F3：在资源管理器或桌面上按F3键，则会打开"搜索结果"窗口，因此如果想对某个文件夹中的文件进行搜索，那么直接按F3键就能快速地打开"搜索结果"窗口，并且搜索范围已经默认设置为该文件夹。同样，在Windows Media Player中按该键，会打开"添加到媒体库"对话框。

  ▸ F4：用来打开IE浏览器中的地址栏下拉列表。要关闭IE浏览器窗口，可以用Alt＋F4组合键。

  ▸ F5：用来刷新IE浏览器或资源管理器中当前所在窗口的内容。

  ▸ F6：用于在资源管理器及IE中快速定位到地址栏。

  ▸ F7：主要用在DOS窗口中，而在Windows窗口中没有任何作用。

  ▸ F8：在启动计算机时，可以用该键显示启动菜单。有些计算机还可以在最初启动时按该键来快速调出启动设置菜单，从中可以快速选择是软盘启动还是光盘启动，或者直接用硬盘启动，不必费事进入BIOS进行启动顺序的修改。另外，还可以在安装Windows操作系统时接受微软的安装协议。

▸ F9：在Windows操作系统中同样没有任何作用，但在Windows Media Player中可以用来快速降低音量。

▸ F10：用来激活Windows操作系统或程序中的菜单，按Shift＋F10组合键会出现快捷菜单。而在Windows Media Player中，它的功能是提高音量。

▸ F11：用于使当前的资源管理器或IE浏览器变为全屏显示。

▸ F12：在Windows操作系统中同样没有任何作用。但在Word中，按该键会快速弹出"另存为"对话框。